SHINEI ZHUANGXIU ZHUANGSHI WURAN JINGHUA
YU JIANCE GAISHU

室内装修装饰污染净化与检测概述

翁兴志　主编

中山大學出版社
SUN YAT-SEN UNIVERSITY PRESS

· 广州 ·

图书在版编目（CIP）数据

室内装修装饰污染净化与检测概述/翁兴志主编. —广州：中山大学出版社，2022.4

ISBN 978 − 7 − 306 − 07380 − 8

Ⅰ. ①室… Ⅱ. ①翁… Ⅲ. ①室内装修—装饰材料—有害物质—污染防治 ②室内装修—装饰材料—有害物质—检测 Ⅳ. ①TU56 ②X506

中国版本图书馆 CIP 数据核字（2021）第 279414 号

出 版 人：王天琪
策划编辑：嵇春霞
责任编辑：曹丽云
封面设计：曾　斌
责任校对：梁嘉璐
责任技编：靳晓虹
出版发行：中山大学出版社
电　　话：编辑部 020 − 84113349，84111997，84110779，84110776
　　　　　发行部 020 − 84111998，84111981，84111160
地　　址：广州市新港西路 135 号
邮　　编：510275　传　　真：020 − 84036565
网　　址：http：//www.zsup.com.cn　E-mail：zdcbs@ mail.sysu.edu.cn
印 刷 者：广州一龙印刷有限公司
规　　格：880mm × 1230mm　1/32　5.75 印张　158 千字
版次印次：2022 年 4 月第 1 版　2022 年 4 月第 1 次印刷
定　　价：48.00 元

本书编委会

前　　言

　　随着我国国民经济的快速发展和人民生活水平的不断提高，城市居民对居住品质的要求越来越高，对住房装修越来越讲究；相应地，建筑和装修装饰材料以及家具造成的室内环境污染正在成为居民生活环境的重要污染源，成为危害人们身体健康的第一大"隐形杀手"。室内装修污染俨然成为目前生活在繁华都市的人们无法避免的头等问题，因而引起了广大居民的密切关注。

　　根据中国建筑装饰协会的统计数据，我国新建住宅的装修率达到95%以上，而有机合成材料作为装修材料及在设备、家具等方面的广泛应用，使室内有害物质大量散发，严重影响了室内空气品质。加上室内人群产生的污染和室外污染进入室内，更加恶化了室内空气质量，出现了因建筑材料本身不环保而导致的"病态建筑综合征"（SBS）。

　　人类68%的疾病与空气污染有关，世界卫生组织（WHO）把室内空气污染列为18类致癌物质之首，室内空气污染是室外污染的5倍以上。世界卫生组织的数据显示，全球因空气污染造成的肺部疾病，每年新增120万例，肺癌也是死亡率非常高的恶性肿瘤之一。由污染导致的相关疾病，如呼吸道疾病、咽喉类疾病、心脏类疾病等也在逐年递增。因此，正确检测、控制室内污染，提高室内空气质量，是摆在有关环境工作者面前的一项重要任务。

　　我们根据国内外室内空气质量检测与控制的先进技术及经验，依据最新国家标准《民用建筑工程室内环境污染控制标准》（GB 50325—2020）、《室内空气质量标准》（GB/T 18883—2002）、室内装修材料污染限值系列相关标准，编写了这本《室内装修装饰污染净化与检测概述》。本书具有内容丰富、资料先进、实用性强等特

1

点，可供室内空气质量检测与控制设计人员使用。

在本书的编写过程中，我们参考了大量的相关技术文献、书籍、国家标准等，在此向相关作者表示感谢。受编者水平所限，书中疏漏和不足之处在所难免，敬请有关专家、学者和广大读者给予批评指正。

编者
2021 年 8 月

目　　录

第一章

室内空气污染概述

随着社会的发展和科学技术的进步，人们的自我保护意识大大增强；另外，国内外研究结果表明，目前室内环境污染日益严重，是继"煤烟型""光化学烟雾型"污染后，现代人进入第三污染时期的标志。室内环境是与人类关系最为密切的外环境，对人类的健康和生活的舒适性以及社会化生产等行为过程产生重要的影响。

第一节　室内空气污染

在封闭空间的空气中存在对人体健康有危害的物质，该物质超过国家标准达到足以损害人的健康的程度，就叫室内空气污染。室内并不仅指居室。

随着我国国民经济的快速发展和工业化、城市化水平的不断提高，人们的工作、生活和居住条件得到大幅度的改善。许多住宅楼、写字楼、宾馆、饭店等进行了较大规模的装修，以满足人们对高层次生活的需要。据有关统计资料表明，2005年，全国的室内装修和建材需求已突破6500亿元人民币；2010年，全国的室内装修和建材需求已突破12000亿元人民币。然而，人们对由建筑材料和装修装饰材料，以及家具、现代家电和办公器材造成的室内环境污染并没有予以足够的重视，长时间生活在这样的环境中，人们的健康将受到诸多影响。国际空气质量协会调查显示，室内空气污染程度是室外的2～5倍，有的甚至超过100倍。

全世界每年有30万人因室内空气污染而引发哮喘并死亡，其中35%为儿童。我国肺癌发病率以每年26.9%的速度递增。据统计，2010年，由装修污染引起上呼吸道感染而导致重大疾病的儿童约有210万名。大量触目惊心的事实证明，室内空气污染已成为危害人类健康的"隐形杀手"，也成为全世界共同关注的问题。中国消费者协会公布过一项调查结果：抽样检测的新装修住房中有七成含有有毒气体。居住在其中的人往往有头痛、头晕、过敏性疲劳，以及眼、鼻、喉刺痛等不适感，世界卫生组织将此现象称为"病态建筑综合征"。

人们平均每天有80%以上的时间在室内度过。随着生产和生活方式的现代化，更多的工作和文娱体育活动可在室内进行，购物也不必外出，合适的室内微小气候（如使用空调）使人们不必经常到户外去调节热效应，这样，人们每天的室内活动时间就更多。因此，室内空气质量对人体健康的影响就显得更加密切、更加重要。虽然室内污染物的浓度往往较低，但由于接触时间长，故其累积接触量很高。尤其是老、幼、病、残等体弱人群，其机体抵抗力较低，加上户外活动机会更少，因此，室内空气质量的好坏对他们的影响尤为明显。

第二节　室内空气污染物的种类及来源

国内外对室内空气检测的结果表明，室内空气的污染既有来自室外的污染源，也有来自室内的污染源。民用建筑室内环境污染主要与室内装修装饰材料中的污染物的散发量、室内通风与净化设施、室内办公或家用电器、家具、室内生物体的活动等因素密切相关。

一、室内空气污染物的种类

室内空气污染是指室内各种化学的、生物的、物理的污染物在室内积聚扩散，造成室内空气质量下降，影响人类生活、工作和危害人类健康的现象。室内空气污染物的种类很多，经检测已知的就有500多种。室内空气污染物按性质不同，可以划分为挥发性有机污染物、无机化合物污染物、物理污染物质、生物污染物质等。

（一） 挥发性有机污染物

挥发性有机化合物（volatile organic compounds，VOCs）是指易挥发的有机物质。在我国，VOCs 是指常温下饱和蒸气压大于 70 Pa、常压下沸点在 260 ℃ 以下的有机化合物，或在 20 ℃ 条件下，蒸气压大于或者等于 10 Pa、具有相应挥发性的全部有机化合物，主要包括烷烃类、芳烃类、烯烃类、卤烃类、酯类、醛类、酮类和其他有机化合物。

室内挥发性有机化合物通常用总挥发性有机化合物（total volatile organic compounds，TVOC）来表示，是对采样分析被测量的挥发性有机化合物的称呼。TVOC 主要是正己烷和正十六烷之间的挥发性有机化合物，是三种影响室内空气品质的污染物（多环芳烃、总挥发性有机物、醛类化合物）中影响较为严重的一种。在常温下，TVOC 蒸发到空气中，它的毒性、刺激性、致癌性和特殊的气味，会影响皮肤和黏膜，对人体产生急性损害。

室内挥发性有机污染物主要包括来自燃煤和天然气等燃烧的产物，吸烟，用于采暖和烹调等产生的烟雾，建筑和装饰材料、家具、家用电器，清洁剂，人体本身的排放，等等。在室内装饰过程中，挥发性有机化合物主要来自油漆、涂料及各种胶粘剂。一般油漆中，挥发性有机化合物的质量浓度为 30 ~ 70 g/L。由于挥发性有机化合物具有强挥发性，一般情况下，油漆在施工后的 10 h 内，可挥发出 90%。

（二） 无机化合物污染物

无机化合物一般是指碳元素以外的其他元素的化合物，如水、氯化钠、硫酸等，但一些简单的含碳化合物（如氧化物、碳酸氢盐、碳酸盐、氰化物等），由于它们的组成和性质与无机物相似，因此也可作为无机物来研究。绝大多数无机物可以归入氧化物、酸、碱、盐四大类，主要包括氨（NH_3）、碳氧化物（CO、CO_2）、氮氧化物（NO_x）、硫氧化物（SO_x）、臭氧（O_3）等。无机化合物污染物主要来源于室内吸烟、烹调等人类活动。

（三）物理污染物质

物理性污染是指由物理因素（如声、光、热、电等）引起的环境污染，如放射性污染、光污染、电磁污染、噪声污染、颗粒物污染等。

1. 放射性污染

放射性物质是指那些能自然地向外辐射能量、发出射线的物质。一般是原子质量很高的金属，如钚、铀等。放射性物质发出的射线有三种，分别是 α 射线、β 射线和 γ 射线。放射性污染主要指人工辐射源造成的污染，如核武器试验时产生的放射性物质，生产和使用放射性物质的企业排出的核废料，等等。另外，由于原子能工业的发展，放射性矿藏的开采、核试验和核电站的建立，以及同位素在医学、工业、研究等领域的应用，放射性废水、废物显著增加，造成一定的放射性污染。

室内空气中的放射性污染物质主要是从房屋地基、砖瓦、混凝土、石材等中释放出来的氡（Rn）及其衰变子体。某些水泥、砖、石灰等建筑材料的原材料本身就含有放射性镭（Ra），建筑物落成后，镭的衰变物氡（^{222}Rn）及其子体就会释放到室内空气中，最终经由人的呼吸道进入人体，是肺癌的病因之一。室外空气中氡含量为 10 Bq/m^3 以下，室内受到严重污染时可超过该数值数十倍。美国每年由氡及其子体导致的肺癌死亡人数为 1 万～2 万。

2. 光污染

可见光污染比较常见的是眩光，如汽车夜间行驶时照明用的车头灯、工厂车间里不合理的照明布置，会使人的视力瞬间下降。核爆炸时产生的强闪光，可使几千米范围内的人的眼睛受到伤害。电焊时产生的强光，如果没有适当的防护措施，也会伤害人的眼睛。长期在强光条件下工作（如冶炼、熔烧、吹玻璃等）的人，其眼睛也会因强光而受到伤害。

随着城市建设的发展，因太阳光的反射而造成的污染日趋严重。在城市，特别是大城市里，高大建筑物的玻璃幕墙会产生很强的镜面反射。玻璃幕墙的光反射效应在光线强烈的夏季特别显著，它会使局部地区的气温升高，强烈的反射光还会使人头晕目眩、双眼难睁，不仅影响人们的正常工作和休息，而且会影响街道上的车辆行驶及行人的安全。

3．电磁污染

影响人类生活环境的电磁污染源可分为天然的和人为的两大类。天然的电磁污染是由某些自然现象引起的。如雷电除了可能对电器设备、飞机、建筑物等直接造成危害外，还会在广大地区产生从几千赫兹到几百兆赫兹范围的严重的电磁干扰。其他如火山喷发、地震、太阳黑子活动引起的磁暴等都会产生电磁干扰，这些电磁干扰对通信的破坏特别严重。

人为的电磁污染主要有以下三种：

（1）脉冲放电。如切断大功率电流电路产生的火花放电，会产生很强的电磁波。

（2）工频交变电磁场。如大功率电机变压器及输电线附近的电磁场会产生电磁波。

（3）射频电磁辐射。如无线电广播、电视、微波通信等各种射频设备会产生辐射。其特点是频率范围广、影响区域大，已成为电磁污染的主要因素。

居室中的电磁辐射源有电视、冰箱、空调、电脑、吹风机、搅拌器等，其中大型的家用电器均有屏蔽电磁场的保护壳，对人类影响不大；其他电器如手机，以及室外的变电室、高压输电线、电

7

缆、无线电波、微波等，它们携带的能量均低于 γ 射线和 X 射线，也不会给人体造成大的伤害。

4. 噪声污染

噪声破坏了自然界原有的宁静，损伤人们的听力，损害人们的健康，影响人们的生活和工作。强噪声还能造成建筑物的损坏，甚至导致生物死亡。噪声已成为仅次于大气污染和水污染的第三大公害。

噪声对人体影响的研究已有多年历史，人们的认识较为一致，即主要是对听觉器官和非听觉器官的损伤。长期置身于噪声中，会引起持续性的症状，如高血压和局部缺血性心脏病；影响人们的阅读能力、注意力、解决问题的能力及记忆力，这些在记忆和表达方面的缺陷有可能引发事故，造成更严重的后果；增加借端生事的行为，噪声与精神卫生问题方面的联系已经引起研究人员的重视。此外，噪声还会降低人体的工作效率。

5. 颗粒物污染

悬浮在空气中的固体或液体颗粒物（不论长期或短期），会对生物和人体健康造成危害，导致颗粒物污染。颗粒物的种类有很多，一般指 $0.1 \sim 75.0\ \mu m$ 之间的尘粒、粉尘、雾尘、化学烟雾和煤烟。其危害特点是粒径为 $1\ \mu m$ 以下的颗粒物沉降慢、波及面大而远。无论是来源于自然还是人为活动产生的颗粒物，都会给动植物及人体健康带来危害。落在植物枝叶上的颗粒物，可引起叶面机械性烧伤和减少叶片光合强度，使植物受损害；溶于水中的颗粒物，随水进入植物组织内，引起植物损伤；沉积在蔬菜或饲料中的重金属颗粒物通过食物链进入动物或人的身体。粒径为 $3.5\ \mu m$ 的颗粒物可被吸入人的气管和肺，引起呼吸系统的疾病，小于 $2.5\ \mu m$ 的颗粒物就可以穿过人的肺部和气管进入血管，随着血液流遍全身。如果颗粒物上带有致病菌，后果将更为严重。因此，许多国家制定了关于颗粒物的大气环境质量标准，以保护动植物和人体健康。

PM$_{2.5}$是指大气中直径小于或等于2.5 μm的颗粒物，也称为可入肺颗粒物。它的直径还不到人的头发丝粗细的1/20。虽然PM$_{2.5}$只是地球大气成分中含量很少的部分，但它对空气质量和能见度等有重要的影响。与较粗的大气颗粒物相比，PM$_{2.5}$粒径小，含大量的有毒、有害物质，且在大气中停留的时间长、输送距离远，因而对大气环境质量和人体健康的影响更大。当室外大气中的颗粒污染物高于室内浓度时，颗粒物可通过门窗缝隙等进入室内，造成室内的颗粒物污染。同时，室内的地毯、厨房油烟及吸烟、燃烧煤炭等也会引起颗粒物污染。

（四）生物污染物质

对人和生物有害的微生物、寄生虫等病原体污染水、气、土壤和食品，影响生物产量，危害人类健康，这种污染称为生物污染。细菌、真菌、过滤性病毒和尘螨等都会导致室内生物性污染。

室内空气生物污染是影响室内空气品质的一个重要因素，主要包括细菌、真菌（包括真菌孢子）、花粉、病毒、生物体有机成分等的污染。在这些生物污染因子中，有些细菌和病毒是人类呼吸道传染病的病原体，有些真菌（包括真菌孢子）、花粉和生物体有机成分则能够引起人的过敏反应。室内生物污染对人类的健康有着很大危害，能引起各种疾病，如呼吸道传染病、哮喘、病态建筑综合征等。迄今为止，已知的能引起呼吸道感染的病毒就有200种之多，包括目前正在传播的新冠肺炎病毒，这些感染的发生绝大部分是在室内通过空气传播的。其症状可从隐性感染直到威胁生命。

生物污染可分为以下四类：

（1）霉菌，它是造成过敏性疾病的最主要因素。

（2）来自植物的花粉，如悬铃木花粉。

（3）由人体、动物、土壤和植物碎屑携带的细菌和病毒。

（4）尘螨，以及猫、狗和鸟类身上脱落的毛发、皮屑。

二、室内空气污染的来源

（一）室内空气污染的主要特点

室内空气污染物来源广泛、种类繁多，各种污染物对人体的危害程度不同。现代建筑设计越来越考虑能源的有效利用，使室内与外界的通风换气非常少，导致室内和室外变成两个相对不同的环境。因此，室内空气污染有其自身的特点，主要表现在以下三个方面。

1. 长期性

很多室内空气污染物在短期内就可对人体产生危害，而有的则潜伏期很长。人们大部分时间处于室内，即使浓度很低的污染物，在长期作用于人体后，也会对人体健康产生不利影响。因此，长期性是室内污染的重要特征之一。比如放射性污染，其潜伏期可达几十年之久。

2. 累积性

室内环境是相对封闭的空间，其污染形成的特征之一是累积性。从污染物进入室内到排出室外，大多需要经过较长的时间。室内的各种物品，包括建筑装饰材料、家具、地毯、复印机、打印机等都会释放出一定的化学物质，如不采取有效措施，它们将在室内逐渐累积，污染物浓度逐渐增大，对人体构成危害。

3. 多样性

室内空气污染的多样性既包括污染物种类的多样性，又包括室内污染物来源的多样性。室内空气中存在的污染物既有生物性污染物，如细菌等，又有化学性污染物，如甲醛、氨、苯、甲苯、一氧化碳、二氧化碳、氮氧化物、二氧化硫等，还有放射性污染物，如氡及其子体。

（二）室内空气中的污染来源

1. 化学污染

化学污染主要来源于室内装修装饰使用的装饰材料，如人造板材、地毯、各种涂料、胶粘剂、家具等。其主要污染物是甲醛、苯、二甲苯等有机物和氨、一氧化碳、二氧化碳、氮氧化物等无机物。

2. 物理污染

物理污染主要来源于建筑物本身、花岗岩石材、部分洁具及家用电器等。其主要污染物是放射性物质和电磁辐射源；家居生活中大量使用的电视、电磁炉、冰箱等电器设备给室内环境带来了电磁辐射、微波辐射、次声波、噪声、负离子减少、释放微量有毒气体等问题，严重影响了室内空气的质量。

3. 生物污染

生物污染主要是由居室中潮湿霉变的墙壁、地毯等产生的，主要污染物为细菌和病毒。空调通风系统在长期使用过程中会在通风管等处聚积大量的灰尘、铁锈等，滋生大量的霉菌、金黄色葡萄球菌、军团菌等病菌，人长期生活在空调环境下容易出现"病态建筑综合征"。

4. 室外污染

室外污染主要包括工业废气、汽车尾气、光化学作用、植物、环境微生物、房屋地基、人为带入室内的污染物等。

由于室内空气污染物的来源非常广泛，而且一种污染物也可能有多种来源，同一种污染源也可能产生多种污染物质，同一污染源在不同的温度和湿度条件下，其挥发量又不相同，从而构成了对室内空气污染的复杂性，而建筑装修装饰材料所引起的室内空气污染是室内空气质量恶化的主要因素之一。

三、装修装饰材料引发室内空气污染

近年来，随着人们生活质量的提高和"装饰热"的兴起，人们所使用的建筑装修装饰材料越来越多。这些材料在室内相对封闭的空间中产生了对人体有害的各种污染，其散发的污染物主要有甲醛、VOCs 等和放射性物质。其中，甲醛和 VOCs 以其对人体毒害程度之大，超标量之惊人，以及在室内存留时间之长而引起了国内外研究人员的共同关注。

室内空气中的甲醛等污染物主要是由各类装修装饰材料，如各种人造板材、壁纸、化纤地毯、泡沫塑料、涂料，各种家具、办公电器、家用电器，以及吸烟、人体和动物的生物代谢等产生的。大量研究结果表明，室内装修装饰用的人造板材是室内甲醛污染的首要因素。

目前，在民用建筑工程中使用的人造板材主要包括胶合板、细木工板、中密度纤维板、切片板、强化复合地板和刨花板等。这些人造板材在生产和使用过程中，使用了由甲醛等原料合成的胶粘剂，游离甲醛不断向环境中散发。试验研究表明，甲醛主要来源包括：人造板材合成树脂中残留的未参与反应的游离甲醛，游离甲醛会逐渐向周围环境释放；已参与反应，但形成不稳定化合物中的甲醛，在受压或受热过程中也会释放出来；在树脂合成的过程中，吸附在聚合物胶体粒子周围已质子化的甲醛分子，在电解质的作用下会释放出来。研究还表明，人造板材中甲醛的释放期一般为 3～15 年。实际上，在人造板材整个使用寿命周期内，甲醛都会随着室内温度、湿度的变化不停地散发。此外，某些化纤地毯、塑料地板砖、装饰墙布、塑料壁纸、泡沫隔热材料、油漆涂料等也含有一定量的甲醛，它们也会向室内散发。而各种材料同时散发出的甲醛很容易形成聚集效应，对人体健康造成更严重的危害。

第三节　室内空气污染物的性质及危害

室内空气污染物在室内积聚扩散，会造成室内空气质量下降，影响人们的生活、工作，危害人体健康。

一、有机污染物

室内空气中的有机污染物主要有甲醛、苯及苯系物、TVOC 和多环芳烃等（TVOC 包含苯及苯系物等，但苯及苯系物的危害比较大，所以在中国的相关标准里，这四项都有独立的要求及标准）。

（一）甲醛

甲醛是自然界中普遍存在的最简单也是最常见的醛类物质。2017 年 10 月 27 日，世界卫生组织国际癌症研究机构（IARC）公布的致癌物清单中，甲醛被列入一类致癌物列表中。2019 年 7 月 23 日，甲醛被列入有毒有害水污染物名录（第一批）。由于甲醛广泛应用于建筑装修装饰材料里，因此成为室内空气污染物中最主要的物质之一，已引起人们的广泛关注和重视。

1. 甲醛的性质

甲醛也称为蚁醛，其分子式为 HCHO，相对分子质量为 30，是由俄国科学家霍夫曼于 1867 年首先发现的。甲醛是一种挥发性有机化合物原生毒素，是无色、有强烈刺激性的气体，易溶于水、醇、醚，其35%～40%的水溶液称为福尔马林。

甲醛的化学性质活泼，易发生亲核加成反应、聚合反应、氧化反应等。甲醛可聚合成多聚甲醛，受热很容易发生解聚作用，在室温条件下也可缓慢释放。甲醛具有还原性，尤其在碱性溶液中，还原能力更强。甲醛能燃烧，其蒸气与空气形成爆炸性混合物，爆炸极限为7%～73%（体积分数），燃点约为300 ℃。在常压条件下，当温度大于150 ℃时，甲醛分解为甲醇和一氧化碳；当有紫外光照射时，甲醛容易被催化氧化为水和二氧化碳。

2. 甲醛的来源

甲醛在工业上是由甲醇脱氢氧化而成，自然界中甲醛浓度较低，一般小于0.03 mg/m³，城市的空气中甲醛平均浓度为0.005～0.010 mg/m³，不会对人体健康造成危害。

（1）室外空气中甲醛的来源。室外空气中的甲醛主要来源于石油、煤、天然气等的燃烧，润滑油的氧化分解，汽车排放的废气，大气光化学反应等。据统计，燃烧1000 L石油（主要是使用石油提炼出来的汽油、柴油等）可产生71.86～239.90 g甲醛，燃烧1 t煤可产生2.3 g甲醛，燃煤烟气中甲醛含量（质量分数）为4～6 mg/kg；汽车废气中甲醛含量为70 mg/kg；空气中的烯烃被氧化也可生成甲醛。

另外，室外空气中的甲醛还来源于生产甲醛、脲醛树脂、化学纤维、染料、橡胶制品、塑料、墨水、油漆、涂料等的工厂。

（2）室内空气中甲醛的来源。室内空气中的甲醛主要来自装修材料、家具，以及吸烟、燃烧和烹饪等。室内装修材料在生产时使用的胶粘剂（脲醛树脂），其主要成分是甲醛。板材中残留的甲醛会逐渐向室内释放，是形成室内空气中甲醛的主体。另外，各类装饰材料及生活用品，包括墙纸、室内纺织品、化妆品、清洁剂、防腐剂、油墨等也会释放出甲醛。据统计，1 kg合成织物可释放出

750 mg 甲醛。燃料燃烧可产生大量的甲醛，香烟的烟雾中甲醛浓度为 14 ～ 24 mg/m³，人每吸一口香烟（约 40 mL）最多可吸入 81 μg 甲醛，室内有人吸烟时的甲醛浓度比无人吸烟时高 3 倍左右。新书也会释放甲醛，一本 2 cm 厚的书，1 h 可释放出 1 μg 甲醛。

甲醛的释放速率与家用物品所含的甲醛量、室内温度、空气湿度、风速、换气次数等因素有关。气温越高，甲醛释放速度越快，室内甲醛的浓度就会越高。另外，试验表明，室内湿度增加 12%，甲醛释放量将增加 15% 左右。

3. 甲醛的危害

1）甲醛对健康的危害。甲醛被称为室内环境的"第一杀手"，对人体健康的危害极大。在我国有毒化学品优先控制名单上，甲醛居第二位。甲醛已经被世界卫生组织确定为致癌和致畸形物质，是各国公认的变态反应源，也是潜在的强致突变物之一。现代科学研究表明，甲醛对人眼和呼吸系统有强烈的刺激作用，可以与人体蛋白质结合，其危害与其在空气中的浓度及人与之接触时间长短息息相关。

甲醛对健康的危害主要有以下四个方面：

（1）刺激作用。甲醛的主要危害表现为对皮肤黏膜的刺激作用。甲醛是原浆毒物质，能与蛋白质结合，高浓度吸入时呼吸道会受到严重刺激，并出现水肿、眼刺激、头痛等症状。

（2）致敏作用。皮肤直接接触甲醛可引起过敏性皮炎、色斑、皮肤组织坏死，吸入高浓度甲醛可诱发支气管哮喘。

（3）致突变作用。高浓度甲醛还是一种基因毒性物质。实验动物在实验室高浓度吸入的情况下，可引起鼻咽肿瘤。

（4）吸入甲醛会出现头痛、头晕、乏力、恶心、呕吐、胸闷、眼痛、嗓子痛、胃纳差、心悸、失眠、体重减轻、记忆力减退及自主神经紊乱等症状。孕妇长期吸入可能导致胎儿畸形，甚至死亡；男子长期吸入可导致精子畸形、死亡等。

2）中毒症状。甲醛中毒会造成眼睛流泪、眼结膜充血发炎、皮肤过敏，以及鼻咽不适、咳嗽、急慢性支气管炎等呼吸系统疾病，亦可造成恶心、呕吐、肠胃功能紊乱。

急性中毒是由接触高浓度甲醛蒸气引起的，以损害眼和呼吸系统为主。表现为视物模糊、持续性头痛、咳嗽、声音嘶哑、胸痛、呼吸困难等症状，甚至因昏迷、血压下降、休克而危及生命。

3）应急措施。

（1）帮助患者立即离开现场，必要时应予以输氧。

（2）及时更换患者被污染的衣物，给予过敏者抗过敏治疗。

（3）皮肤、黏膜接触甲醛后，先用大量的清水冲洗，再用2%的碳酸氢钠或肥皂水清洗。

（二）苯及苯系物

苯被世界卫生组织国际癌症研究机构确认为有毒的致癌物质，甲苯、二甲苯为可疑致癌物质。苯、甲苯、二甲苯等苯系物是主要的室内空气污染物。

1. 苯及苯系物的性质

苯（benzene）是一种碳氢有机化合物，即最简单的芳烃，分子式为 C_6H_6，在常温下是有甜味、可燃、有致癌毒性的无色透明液体，并带有强烈的芳香气味。苯难溶于水，易溶于有机溶剂，其本身也可作为有机溶剂。苯具有的环系称为苯环，苯环去掉一个氢原子后的结构称为苯基，用 Ph 表示，因此，苯的化学式也可写作 PhH。苯是一种石油化工基本原料，其产量和生产技术水平是一个国家石油化工发展水平的标志之一。2017 年 10 月 27 日世界卫生组织国际癌症研究机构公布的致癌物清单中，苯列在一类致癌物名单中。

苯与其他不饱和有机化合物不同，其性质非常稳定，很难继续分解。实验结果表明，苯即使在高温下和铬酸、高锰酸钾等强氧化剂一同加热，也不会被氧化。在低温下，如果不掺入催化剂，它与硫酸、溴等不发生加成作用；而在升温和掺入催化剂的条件下发生取代反应。甲苯、二甲苯的性质比苯活泼，可被强氧化剂氧化；取代反应也较为容易进行。

2．苯及苯系物的来源

苯及苯系物可以从煤焦油中提取，也可以从石油中转化而来，它们是有机合成的重要原料，可用于制造洗涤剂、杀虫剂、消毒剂，还可作为印刷工业、皮革工业、精密光学仪器制造、电子工业中的溶剂和清洗剂，还能在建筑装修装饰材料、人造板家具、沙发中作为黏合剂、溶剂和添加剂。

在洗涤剂、杀虫剂、消毒剂等物质的使用过程中，苯及苯系物均会逐渐挥发出来。测试结果表明，室内空气中苯的主要来源是溶剂型的木器涂料。

3．苯及苯系物的危害

苯、甲苯和二甲苯以蒸气状态存在于空气中，它们都属于芳烃类，弥散于室内空气中，不容易被人察觉。人中毒一般是由吸入其蒸气或皮肤接触所致。

目前，室内装修装饰中多用甲苯、二甲苯代替苯作为各种胶、油漆、涂料和防水材料的溶剂或稀释剂，因为苯具有易挥发、易燃、蒸气有爆炸性的特点。人在短时间内吸入高浓度的甲苯、二甲苯时，可出现中枢神经系统麻痹症状，轻者出现头晕、头痛、恶心、胸闷、乏力、意识模糊症状，严重者可致昏迷以致因呼吸、循环衰竭而死亡。长期接触一定浓度的甲苯、二甲苯会引起慢性中毒，可出现头痛、失眠、精神萎靡、记忆力减退等神经衰弱症状。

长期吸入苯会导致白细胞减少和血小板减少，严重时可使骨髓造血机能发生障碍，导致再生障碍性贫血；如果造血功能被完全破

17

坏，可发生致命的颗粒性白细胞消失症，并可引起白血病。

孕妇接触甲苯、二甲苯及苯系混合物时，妊娠高血压综合征、妊娠呕吐及妊娠贫血等妊娠并发症的发病率显著升高。统计发现，接触甲苯的孕妇自然流产率明显升高。苯系物可导致胎儿先天性缺陷问题已经引起国内外专家的关注，有学者曾经报道，在整个妊娠期间吸入大量苯的妇女，她们所生的婴儿多有小头、畸形、中枢神经系统功能障碍及生长发育迟缓等缺陷。

（三）总挥发性有机化合物

1. 总挥发性有机化合物的性质

我国对总挥发性有机化合物（TVOC）的定义是：在常温下饱和蒸气压超过 133.3 Pa 或沸点在 $50 \sim 250$ ℃的有机化合物。这是一类强挥发、有特殊气味、刺激性、有毒的有机气体，一般是作为溶剂使用后而进入大气中，也广泛地存在于水和土壤中，从而形成对环境的污染。

2. 总挥发性有机化合物的来源

室内的总挥发性有机化合物主要是由建筑材料、室内装饰材料及生活和办公用品等散发出来的。如建筑材料中的人造板、泡沫隔热材料、塑料板材，室内装饰材料中的油漆、涂料、黏合剂、壁纸、地毯，生活中用的化妆品、洗涤剂等，以及油墨、复印机、打字机等办公用品。此外，室内燃料燃烧、吸烟以及人体排泄物，室外工业废气、汽车尾气、光化学污染也是影响室内总挥发性有机化合物含量的主要因素。室外的总挥发性有机化合物主要来源于石油化工等工业生产的排放、燃料燃烧及汽车尾气的排放等。

3. 总挥发性有机化合物的危害

测试证明，当总挥发性有机化合物的浓度为 0.188 mg/m³ 时，会导致人晕眩和昏睡；当总挥发性有机化合物的浓度为 35 mg/m³ 时，可能会导致人昏迷、抽搐，甚至死亡。多种挥发性有机化合物的混合具有协同作用，使其危害增强，整体暴露后对人体健康的危害更加严重。

总挥发性有机化合物挥发到室内空气中，不仅会污染室内环境，而且会严重危害人体健康。该类有机化合物对人体的危害主要表现在对人体呼吸系统、循环系统、消化系统、内分泌系统的损害。

（四）多环芳烃

多环芳烃是指分子中含有 2 个或以上苯环的碳氢化合物，是一类典型的持久性有机污染物，通常存在于橡胶、塑胶、润滑油、防锈油、不完全燃烧的有机化合物等物质中，是环境中重要的致癌物质之一。

常见的多环芳烃主要包括萘、蒽、菲、芘、苯并［a］芘等。多环芳烃中 4～6 个苯环的稠环化合物具有强烈的致癌作用。21 世纪以来，有超过 16 种具有致癌性的多环芳烃被禁用。苯并［a］芘是第一个被发现的强化学致癌物。现以苯并［a］芘作为多环芳烃的代表进行介绍。

1. 苯并［a］芘的性质

多环芳烃是一类惰性较强的有机化合物，这种较强的惰性使它们比较稳定，能广泛地存在于环境中，特别是存在于大气的飘尘中，对环境和人体健康的危害很大。4 环以下分子量较小的多环芳烃多以蒸气态存在，小于 5 μm 的颗粒可被吸入肺的深部。

苯并［a］芘的化学式为 $C_{20}H_{12}$，是多环芳香烃类化合物，相对分子质量为 252.23，沸点为 475 ℃，熔点为 179 ℃，相对密度为 1.351。其纯品为无色或微黄色针状结晶，在水中的溶解度较小，易溶于苯、乙醚、丙酮、环己烷、二甲苯等有机溶剂。在苯中溶解并呈蓝色或紫色荧光，在浓硫酸中溶解呈橘红色并伴有绿色荧光。

2. 苯并 [a] 芘的来源

苯并 [a] 芘主要是含碳燃料及有机物热解过程中的产物。大量的测试结果表明，飞机在飞行时，其发动机排放苯并 [a] 芘为 8～19 mg/min；汽车行驶时排放苯并 [a] 芘为 2.5～33.5 pg/km；香烟的烟雾中也存在多环芳烃，每 100 支香烟产生的烟雾中含苯并 [a] 芘为 0.2～12.2 μg。

据测定，厨房烹调和烟草烟雾是室内空气中多环芳烃的主要来源。此外，其他化学日用品（如卫生球、各种杀虫剂、某些塑料用品等），都可能释放苯并 [a] 芘等多环芳烃。

3. 苯并 [a] 芘的危害

多环芳烃中含有多种致癌活性物质，主要包括苯并 [a] 芘，二苯并 [a, h] 蒽等十几种组分，这些物质可诱发胃癌、肺癌、喉癌、口腔癌等多种癌症及心血管疾病，其中苯并 [a] 芘在空气中存在较为普遍，致癌的能力也最强。

大量流行病调查资料表明，接触沥青、煤焦油等富含多环芳烃的人群，易发生皮肤癌、肺癌，其死亡率与苯并 [a] 芘浓度呈正相关。动物皮下注射、静脉注射和动物致癌相关实验结果表明，随着室内空气中沉降颗粒物中苯并 [a] 芘含量的增高，实验动物的肺部肿瘤发生率相应增高，呈现出比较明显的剂量－反应关系。

二、无机污染物

室内空气中的无机污染物主要有二氧化碳、一氧化碳、二氧化氮、二氧化硫、臭氧和氨等。

（一）二氧化碳

空气中二氧化碳（CO_2）的含量是评价室内和公共场所环境空气卫生质量的一项重要指标。

1. 二氧化碳的理化性质

二氧化碳在通常状况下是一种无色、无臭、无味的气体，是含碳化合物充分燃烧的产物，易溶于水。在 20 ℃时，将二氧化碳加压到 5.73×10^6 Pa 即可变成无色液体，常将其压缩在钢瓶中存放，在 −56.6 ℃、5.27×10^6 Pa 时变为固体。液态二氧化碳减压迅速蒸发时，一部分气化吸热，另一部分骤冷变成雪状固体，将雪状固体压缩成为冰状固体，俗称"干冰"。"干冰"在 1.013×10^5 Pa、−78.5 ℃时可直接升华变成气体。二氧化碳比空气重，其相对密度为 1.524，在标准状况下密度为 1.977 g/L，约是空气的 1.5 倍。二氧化碳无毒，但不能供给动物呼吸，是一种窒息性气体。

2. 二氧化碳的产生与来源

（1）二氧化碳是各种含碳化合物燃烧的最终产物。如工业生产或生活取暖时燃煤都可造成室内及大气中二氧化碳含量升高。人们在家中使用煤气、液化气等燃料做饭时，在通风不良的情况下，燃料燃烧释放出的一氧化碳和二氧化碳浓度会超过空气污染严重的重工业区。

（2）以燃料作为动力的交通运输工具，如小轿车、飞机、拖拉机、卡车、摩托车、轮船、火车等排放的气体中均含有大量的二氧化碳。

（3）二氧化碳是人体新陈代谢的产物。一个人每天夜里（按 10 h 计）要排出 200 ～ 300 L 二氧化碳，一夜之后室内空气中二氧化碳的含量是室外的 3 ～ 7 倍。如果多人同处一室，二氧化碳的含量就更高。若室内通风不良，将有助于细菌的滋生以及空气中负离子的减少，人往往会感到疲倦与烦躁。

（4）不良的生活习惯将会产生额外的二氧化碳。例如，每吸一支香烟就会有 130 mg 的二氧化碳产生。

（5）生物发酵及植物呼吸也会产生二氧化碳。在潮湿的环境中，生物秸秆等废弃物在微生物的作用下均能释放出二氧化碳。

大自然中的二氧化碳浓度是基本保持平衡的，植物的光合作用会吸收二氧化碳，而呼吸时会放出二氧化碳，因此，室内不宜摆放过多的植物，否则夜间植物的呼吸作用会释放出二氧化碳，对人体健康有害。

3. 二氧化碳对健康的影响

二氧化碳属呼吸中枢兴奋剂，对呼吸中枢有一定的兴奋作用，为生理所需要。当二氧化碳含量较少时对人体无害，但当其浓度超过一定数量时，能抑制呼吸中枢，严重时还有麻痹作用，原因是血液中的碳酸浓度增大，酸性增强，将产生酸中毒（表 1 - 1）。

表 1 - 1　空气中二氧化碳的浓度与机体反应

二氧化碳浓度/%	机体反应
1	感到胸闷、头昏、心悸
4 ~ 5	感到眩晕，眼睛模糊
6	神志不清、呼吸逐渐停止以致死亡
10 以上	呼吸逐渐停止，最终窒息死亡

二氧化碳中毒绝大多数为急性中毒，很少有慢性中毒的病例报告。二氧化碳急性中毒主要表现为昏迷、反射消失、瞳孔放大或缩小、大小便失禁、呕吐等，严重者还会出现休克乃至呼吸停止。中毒较轻的患者经抢救在几小时内逐渐苏醒，但仍可能有头痛、头昏、无力等症状，一般需要 3 天才能恢复；中毒较重的患者可能会

昏迷很长时间，出现高热、电解质紊乱、糖尿、肌肉痉挛或惊厥等。

室内空气中二氧化碳的含量受人群数量、容积、通风状况、人群活动等方面的影响，二氧化碳浓度与室内细菌总数、一氧化碳浓度、甲醛浓度呈正相关，它使室内空气污染更加严重（表1-2）。

表1-2　二氧化碳对机体产生危害作用的各种阈浓度值

阈浓度/%	空气类型	机体反应
<0.07	清洁空气	人体感觉良好
0.07～0.10	普通空气	个别敏感者会感觉有不良气味
0.10～0.15	临界空气	多数人开始有不适感
0.30～0.40	污染空气	人体呼吸加深，出现头痛、耳鸣等症状

（二）一氧化碳

1. 一氧化碳的理化性质

一氧化碳（CO）是一种无色、无味、无嗅、无刺激性的有害气体，在水中的溶解度很小，但易溶于氨水。在空气中不易与其他物质发生化学反应，因而能在大气中停留2～3年。一氧化碳的相对分子质量为28，对空气的相对密度为0.967。在标准状况下，1 L一氧化碳气体的质量为1.25 g。燃烧时伴有淡蓝色火焰。

2. 一氧化碳的产生与来源

一氧化碳是工业炼炉、家用燃气灶或小型煤油加热器等所用燃料不完全燃烧的产物，也来自汽车尾气和香烟烟雾。

随着城市中车辆数量的急剧增加，汽油在发动机中燃烧时排放出的一氧化碳也急剧增加。测试表明，当汽车处于空挡时，汽车尾气中一氧化碳的质量分数高达12%。因此，在交通路口、停车场等车辆集中区域，空气中一氧化碳的浓度有时高达 62.5 mg/m^3。在现代化城市中，汽车尾气排放已成为城市大气中一氧化碳污染的主要来源。

3. 一氧化碳对健康的影响

一氧化碳是一种血液神经毒物，主要作用于人体的血液系统和神经系统。一氧化碳中毒是含碳物质燃烧不完全时的产物经呼吸道吸入引起的中毒。一氧化碳极易与血红蛋白结合，形成碳氧血红蛋白，使血红蛋白丧失携氧的能力和作用，造成组织缺氧。一氧化碳对全身的组织细胞均有毒性作用，尤其对大脑皮质的影响最为严重。

一氧化碳对人体的危害主要取决于空气中一氧化碳的浓度和与之接触的时间。浓度越高、接触时间越长，血液中的碳氧血红蛋白含量就越高，中毒就越严重。当室内空气中一氧化碳含量为37.5%时，血液中碳氧血红蛋白含量略低于5%，可使人的视觉和听觉器官的细微功能发生障碍。当血液中碳氧血红蛋白含量为8%时，静脉血氧张力降低，冠状动脉血流量增加，从而引起心肌摄氧量减少，并促使某些细胞内的氧化酶系统停止活动。当室内空气中一氧化碳含量超过125%（比如煤气泄漏），血液中碳氧血红蛋白含量达10%及以上时，人会出现头晕、头痛、恶心、疲乏等一氧化碳中毒的症状。

脑部是人体耗氧量最多的器官，也是对缺氧最敏感的器官。动物实验表明，脑组织对一氧化碳的吸收能力明显高于心、肺、肝、肾等。当一氧化碳进入人体时，大脑皮层和脑白质受害最严重，人会出现头晕、头痛、记忆力下降等神经衰弱症状，并有心脏不适感。

（三）二氧化氮

1. 二氧化氮的理化性质

二氧化氮（NO_2）又称为过氧化氮，是一种红褐色、有特殊刺激性臭味的气体，相对分子质量为 46.1，对空气的相对密度为 1.58。在标准状况下，1 L 二氧化氮气体的质量为 2.0565 g。气态时以红褐色的二氧化氮形式存在，较难溶于水；固态时以白色的四氧化二氮形式存在，腐蚀性较强，易溶于水。大气中的二氧化氮被水雾吸收，会形成硝酸和亚硝酸的气溶胶状酸性雾滴，在强烈的日光照射下，与烃类共存时可以形成光化学烟雾。

2. 二氧化氮的产生与来源

车辆尾气、火力发电站和其他工业生产过程中的燃料燃烧，硝酸、氮肥、炸药等的工业生产过程等，是大气中二氧化氮的重要来源。室内空气中的二氧化氮主要来源于烹调、取暖所用燃料在空气中的燃烧及香烟烟雾。

3. 二氧化氮对健康的影响

二氧化氮对人体的危害很大，人即使暴露于二氧化氮的时间很短，肺功能也会受到损害；如果长时间暴露于二氧化氮中，呼吸道感染的机会就会增加，而且可能导致肺部永久性器质性病变。儿童、老人和患呼吸系统疾病的人群受二氧化氮的影响更大。

（四）二氧化硫

1. 二氧化硫的理化性质

二氧化硫（SO_2）也称为亚硫酐，为无色、有强烈辛辣刺激性气味的不燃性气体，相对分子质量为 64.06，密度为 2.3 g/L，凝固

点为 -72.7 ℃，沸点为 -10 ℃，液态时的相对密度为 1.434，气态时的相对密度约为空气的 2 倍。可溶于水、甲醇、乙醇、硫酸、醋酸、氯仿和乙醚。易与水混合生成亚硫酸（H_2SO_3），随后转化为硫酸（H_2SO_4）。在室温（20 ℃）、3 个大气压（3.03×10^5 Pa）条件下，二氧化硫能被液化。

2. 二氧化硫的产生与来源

大气环境中的二氧化硫主要来源于含硫燃料（如煤、石油等）的燃烧、含硫矿石的冶炼，以及化工厂、炼油厂和硫酸厂等的生产过程。目前，全世界每年向大气中排放的二氧化硫高达 2.3×10^{10} t；2012 年，我国废气中二氧化硫的排放量为 2.1176×10^7 t。在城市大气中，二氧化硫的年平均浓度高达 $0.29 \sim 0.43$ mg/m³。二氧化硫在大气中可以被氧化成三氧化硫，进而可转化为硫酸雾，最终形成酸雨。这些都是二氧化硫的次生物，对人体健康的危害比二氧化硫更大。

室内二氧化硫的污染主要来自燃烧产物。目前，我国还有一些地区的居民仍以烧原煤、煤饼、煤球、蜂窝煤的小煤炉做饭和取暖，由于炉灶的结构不合理，有的甚至无烟囱，因此，煤不完全燃烧而排出大量的污染物，其中二氧化硫是主要污染物之一。另外，室内烟草的不完全燃烧也是室内二氧化硫污染的重要来源。

3. 二氧化硫对健康的影响

二氧化硫是大气中的主要污染物之一，是衡量大气是否遭到污染的重要标志。世界上有很多城市发生过二氧化硫危害的严重事件，导致很多人中毒甚至死亡。我国一些城镇的大气中二氧化硫的危害普遍且严重。

二氧化硫易溶于水，故进入呼吸道后大部分滞留在上呼吸道，在湿润的呼吸道黏膜上生成具有腐蚀性的亚硫酸、硫酸和硫酸盐，使其对呼吸道的刺激作用增强。上呼吸道的平滑肌内有末梢神经感受器，遇刺激就会产生窄缩反应，使气管和支气管的管腔缩小，气道阻力增加。上呼吸道对二氧化硫的这种滞留作用在一定程度上可减轻二氧化硫对肺部产生的刺激作用。

二氧化硫可被吸收进入血液，对全身产生毒性作用。它能破坏酶的活力，从而明显地影响碳水化合物及蛋白质的代谢，对肝脏有一定的损害。动物实验证明，二氧化硫慢性中毒后，机体的免疫力受到明显抑制。

二氧化硫与飘尘一起被吸入后，飘尘气溶胶微粒可把二氧化硫带到肺部使其毒性增强。若飘尘表面吸附有金属微粒，在其催化作用下，二氧化硫氧化为硫酸雾，其刺激作用比二氧化硫增强约1倍。长期处于烟气污染的环境中，二氧化硫和飘尘的联合作用会促使肺泡壁纤维增生，如果增生范围扩大，形成肺纤维性变，发展下去可使肺泡壁纤维断裂形成肺气肿。

二氧化硫可以增强致癌物苯并 [a] 芘的致癌作用。动物试验表明，在二氧化硫和苯并 [a] 芘的联合作用下，动物肺癌的发病率高于单个因子的发病率，在短期内即可诱发肺部扁平细胞癌。因此，二氧化硫具有致癌作用。

（五）臭氧

1. 臭氧的理化性质

臭氧（O_3）是氧的同素异形体，是一种淡蓝色的气体，具有特殊的臭味。其相对分子质量为48，沸点为 -112 ℃，熔点为 -251 ℃，相对密度为1.65。在常温和常压下，1 L臭氧的质量为2.1445 g。液态臭氧很容易爆炸。臭氧在常温下分解非常缓慢，在高温下迅速分解形成氧气。

臭氧是已知的强氧化剂之一，它在酸性溶液中的氧化还原电位是2.07 V。臭氧可把二氧化硫氧化为三氧化硫或硫酸，把二氧化氮氧化为五氧化二氮或硝酸。在紫外线的作用下，臭氧与烃类和氮氧化物发生光化学反应，形成具有强烈刺激作用的有机化合物烟雾，称为光化学烟雾。臭氧可溶于水，当其为低浓度时，是一种广谱高效消毒剂，可作为生活饮用水和空气的消毒剂。

2. 臭氧的产生与来源

空气中的氧分子（O_2）在受到一定强度的电磁波或电击作用后，会产生氧的游离基，这些氧游离基与氧分子结合后，可以生成少量的臭氧。在生产过程中，高压电器的放电过程及强大的紫外灯照射、炭精棒电弧、电火花、光谱分析发光、高频无声放电、焊接切割等过程，都会生成一定量的臭氧。

室内的电视机、复印机、激光打印机、负离子发生器、紫外灯、电子消毒柜等在使用过程中也都会产生臭氧。室内的臭氧可以氧化空气中的其他化合物而自身还原成氧气，还可被室内多种物体，如橡胶制品、纺织品、塑料制品等所吸附而衰减。臭氧是室内空气中最常见的一种氧化型的污染物。

在室内不存在臭氧发生源的情况下，室内臭氧主要来源于室外。国外对各种室内环境的调查表明，办公室和家庭室内臭氧的分解速率由于活性界面的存在而比室外的高，且室内温度和湿度更高，更可促进臭氧的分解。因此，室内空气中的臭氧浓度一般要比室外的低。

3. 臭氧对健康的影响

臭氧具有强烈的刺激性，对人体健康有一定的危害，主要是刺激和损害深部呼吸道，并可损害中枢神经系统，对眼睛有轻度的刺激作用。当大气中臭氧浓度为 0.10 mg/m^3 时，可形成对鼻和喉咙黏膜的刺激；臭氧浓度为 $0.10 \sim 0.21$ mg/m^3 时，可引起哮喘发作，导致上呼吸道疾病恶化，同时刺激眼睛，使视觉敏感度和视力降低；当臭氧浓度在 2 mg/m^3 以上时，可引起头痛、胸痛、思维能力下降，严重时可导致肺气肿和肺水肿。此外，臭氧还能阻碍血液输氧功能，造成组织缺氧；使甲状腺功能受损、骨骼钙化；对全身有潜在性影响，如诱发淋巴细胞染色体畸变，损害某些酶的活性和产生溶血反应等。

（六）氨

1. 氨的理化性质

氨在常温常压下为具有特殊性恶臭的无色、有毒气体，比空气轻。氨在常温下稳定，在高温下可分解成氢和氮。一般在 1 个大气压下 450～500 ℃时分解，如果有铁、镍等催化剂存在，则可在 300 ℃时分解。

氨的相对分子质量为 17.031，标准状态下沸点为 -33.35 ℃，临界温度为 132.4 ℃，相对密度为 0.5962；在标准状况下，1 L 氨气的质量为 0.770 kg，凝固温度为 -77.7 ℃；在室温下 6～7 个大气压时，可以被液化，液态氨的相对密度（0 ℃时）为 0.638。

氨在空气中可燃，但一般难以着火。如果持续接触火源就会燃烧，有时也能引起爆炸；若有油脂或其他可燃物质，则更容易着火。氨在空气中的体积分数达到 16%～25% 时会发生爆炸，有催化剂存在时可被氧化为一氧化氮。

2. 氨的产生与来源

室内空气中的氨主要来源于建筑施工中使用的混凝土添加剂，特别是我国的北方地区冬季施工过程中，在混凝土墙体中加入以尿素和氨水为主要外加剂的混凝土防冻剂。这些含有大量氨类物质的添加剂在墙体中随着温度、湿度等环境因素的变化而还原为氨气，从墙体缓慢地释放出来，造成室内空气中氨的浓度大幅升高。特别是在夏季气温较高时，氨气从墙体中释放的速度较快，可能会造成室内空气中的氨浓度严重超标。

家具中的木制板材在加压制作的过程中常常使用大量的黏合剂。此类黏合剂主要是由甲醛和尿素加工聚合而成，它们在室温下易释放出气态的甲醛和氨，造成室内空气中甲醛和氨的污染。

室内空气中的氨也可来自室内装饰材料中的添加剂和增白剂。但是这种氨污染释放期比较短，不会在室内空气中长期大量地存在，对人体健康的危害相对小一些。

日常生活中的生物性废弃物也会释放出氨气，从而污染室内的空气。如粪便、尿、动物尸体、生活污水等会释放出氨，含氮有机物在细菌的作用下可分解成氨，人体分泌的汗液可分解出氨，理发店所使用的烫发水中也含有氨。

3. 氨对健康的影响

氨是一种无色而具有强烈刺激性臭味的气体，可感觉的最低浓度为 5.3 mg/L。氨是一种碱性物质，它对皮肤组织有腐蚀和刺激作用；可以吸收皮肤组织中的水分，使组织蛋白变性，并使组织脂肪皂化，破坏细胞膜结构。氨的溶解度极高，所以主要对动物或人体的上呼吸道有刺激和腐蚀作用，减弱人体对疾病的抵抗力。氨浓度过高时，除产生腐蚀作用外，还可通过三叉神经末梢的反射作用引起心脏停搏和呼吸停止。

氨被吸入肺后容易通过肺泡进入血液，与血红蛋白结合，破坏血液的运氧功能。短期内吸入大量氨气后可出现流泪、咽痛、声音嘶哑、咳嗽、痰带血丝、胸闷、呼吸困难等症状，可伴有头晕头痛、恶心、呕吐、乏力等，严重者可出现肺水肿、成人呼吸窘迫综合征，同时可能出现呼吸道刺激症状。由此可见，碱性物质对人体组织的损害比酸性物质更深而且更严重。

（七）氡

1. 氡的理化性质

氡（Rn）位于元素周期表第Ⅵ周期零族，为稀有气体元素，其化学性质比较稳定。氡气是无色无味、不可挥发的放射性惰性气体，密度为 9. 91 g/L，熔点为 –71 ℃，沸点为 –62 ℃；可溶于煤油、汽油、甲苯、血和二硫化碳，但不溶于水；在空气中以自由原子形式存在；易被脂肪、橡胶、硅胶、活性炭吸附。

2. 氡的产生与来源

室内氡的来源主要有以下四方面。

（1）土壤中析出的氡。在地层深处含有铀、镭、钍的土壤和岩石中可以发现高浓度的氡。这些氡可以通过地层断裂带进入土壤，并沿着地的裂缝扩散到室内。一般而言，低层住宅室内氡的含量较高。

（2）建筑材料中析出的氡。建筑材料是室内氡的最主要来源。如花岗岩、砖砂、水泥及石膏等，特别是含有放射性元素的天然石材，易释放出氡。各种石材由于产地、地质结构和生成年代不同，其放射性也不同。原国家质量技术监督局曾对市场上的天然石材进行监督抽查，从检测结果看，其中花岗岩中的氡超标较多，放射性较高。

（3）户外空气带入室内的氡。在室外空气中氡的辐射剂量是很低的。可是氡一旦进入室内，就会在室内大量地积聚。在室内，氡还具有明显的季节变化，通过实验可知，氡的含量冬季最高，夏季最低。室内通风状况直接决定了室内氡气对人体危害性的大小。

（4）用于取暖和燃烧的天然气中释放出的氡。氡的危害还在于它的不可挥发性。挥发性有害气体可以随着时间的推移逐渐降低到安全水平，但室内的氡气不会随时间的推移而减少，因而地下住所的氡浓度就比地面居室高许多，大概为地面的 40 倍。

3. 氡对健康的影响

常温下氡及其子体在空气中能形成放射性气溶胶而污染空气，由于它无色无味，很容易被人们忽视，但它容易被呼吸系统截留，并在局部区域不断累积。长期吸入高浓度氡最终可诱发肺癌。氡对人类健康的危害主要表现为确定性效应和随机效应。

（1）确定性效应表现为：暴露在高浓度氡的环境中，机体血细胞出现变化。氡对人体脂肪有很高的亲和力，特别是与神经系统结合后，危害更大。

（2）随机效应主要表现为肿瘤的发生。由于氡是放射性气体，当人们将其吸入体内后，氡衰变产生的 α 射线可对人的呼吸系统造成辐射损伤，诱发肺癌。有研究表明，氡是除吸烟以外引起肺癌的第二大元凶，世界卫生组织国际癌症研究机构以动物实验证实了氡是当前人类认识到的 19 种主要的环境致癌物质之一。

从 20 世纪 60 年代末首次发现室内氡的危害至今，科学研究发现，氡对人体的辐射伤害占人一生中所受到的全部辐射伤害的 55% 以上，其诱发肺癌的潜伏期大多在 15 年以上，世界上有 1/5 的肺癌与氡有关。

三、颗粒物和生物污染物

（一）颗粒物

1. 颗粒物的理化性质

颗粒物又称为尘，是大气中的固体颗粒状物质。颗粒物可分为一次颗粒物和二次颗粒物。一次颗粒物是由天然污染源和人为污染源释放到大气中直接造成污染的颗粒物，如土壤粒子、海盐粒子、燃烧烟尘等。二次颗粒物是大气中某些污染气体组分（如二氧化硫、氮氧化物、碳氢化合物等）之间，或这些组分与大气中的正常组分（如氧气）之间，通过光化学氧化反应、催化氧化反应或其他化学反应转化生成的颗粒物。

颗粒物是空气污染物的固相代表物，也是空气污染物中的主体，由于其具有多形、多孔和可吸附性等特点，可以成为各种气体的载体，因此颗粒物是一种成分复杂、可长期悬浮于空气中的固相污染物。世界卫生组织在组织 9 个国家对室内污染情况的试点调查中，明确规定颗粒物为必选的空气污染物指标。

污染室内空气、危害人体健康的颗粒物是可吸入颗粒物。可吸入颗粒物（即 PM_{10}）是指空气动力学直径（AD）小于 10 μm 的颗粒物。这类颗粒物主要由有机物、硫酸盐、硝酸盐及地壳类元素组成，长期飘浮于大气中，可进入人体的呼吸道，严重影响人体的健康。

2. 颗粒物的产生与来源

可吸入颗粒物按其粒径大小可分为三类：粗颗粒（2.5 μm < AD < 10 μm）、细颗粒（1.0 μm < AD ≤ 2.5 μm）和超细颗粒（AD ≤ 0.1 μm）。粗颗粒主要通过机械作用产生，而细颗粒和超细颗粒主要来自燃料的燃烧，包括燃烧后直接排放和气态污染物经化学转化而成的。颗粒物的来源不同，其粒径的大小分布也不同，如在民用燃料中，燃煤排放的颗粒物中可吸入颗粒物占 75%，液化石油气燃烧排放的颗粒物中可吸入颗粒物占 92%。

大气的污染物扩散到室内是造成室内颗粒物污染的来源之一。室外大气中可吸入颗粒物的主要来源是汽车排放的尾气和汽油燃烧不完全所形成的烟雾。此外，室内吸烟也是室内空气污染的重要来源。调查资料表明，在封闭的房间里，未吸烟时室内环境的颗粒物含量仅是室外的 1/2；吸 1 支烟所造成的污染超过国家大气质量二级标准的 2.5 倍；吸 2 支烟所造成的污染超过国家大气质量二级标准的 4.5 倍。吸烟主要产生粒径小于 1.1 μm 的细小颗粒。另外，夏天室内驱蚊常用的蚊香产生的颗粒物粒径为 2.0 μm，也是室内产生颗粒物污染的主要来源。

3. 颗粒物对健康的影响

空气中的颗粒物按粒径可分为降尘和飘尘。降尘是指空气中粒径大于 10 μm 的固体颗粒，在重力作用下容易沉降，在空气中停留时间较短，在呼吸作用中被有效地阻留在上呼吸道，因而对人的危害较小。飘尘是指空气中粒径小于 10 μm 的固体颗粒物，能在空气中长时间悬浮，易随呼吸侵入人体的肺部组织，因此也称为可吸入颗粒物，对人体的危害较大。

可吸入颗粒物对健康的危害有以下三种。

（1）侵蚀人的肺泡。吸入肺部组织的粒径为 1 μm 的固体颗粒 80% 会富集于肺泡上，沉积时间可达数年之久。这些飘尘可引起肺部组织慢性纤维化，使肺泡的切换机能下降，导致肺心病、心血管病等疾病的发生。

（2）是多种污染物的运载工具和催化剂。可吸入颗粒物中含有大量的有机化合物、金属化合物、放射性物质、硝酸盐和硫酸盐等污染物质，可引起多种疾病。

（3）进入人体循环系统，严重危害健康。可吸入颗粒物中含有的有毒有机物质被肺泡吸收后，可直接进入血液循环，然后输送至全身，对人体健康的危害非常大。

（二）生物污染物

室内空气中的微生物代表了室内环境中多样性的生物群体，其中不乏对人体有害的生物污染物和病原体，包括能够引起感染的致病细菌、霉菌、真菌、病毒、螨虫等。许多细菌和霉菌能够产生毒性很高的代谢物质，这些物质对人体的许多细胞组织、系统产生影响，对人体造成伤害。

在影响机理和流行病学研究方面，都存在室内人员因暴露于空气中的微生物而出现不良症状的证据。当人体摄入细菌、真菌时，会造成体内组织细胞损伤，引起炎症反应。

在一般室内环境中，霉菌对人体的影响主要表现在引起支气管炎、过敏性肺炎、过敏性鼻炎等症状。所有病毒中对人体影响最大的是流感病毒，流感综合征的 80%～90% 是由病菌引起的。

呼吸道疾病的检出率或疾病患病率与空气中的微生物污染有显著关系。此外，室内空气中的微生物污染可引起眼刺激感、哮喘、过敏性皮炎、过敏性肺炎及其他传染性疾病。常见的微生物污染有麻疹病毒、流感病毒、结核杆菌和其他一些引起上呼吸道感染的病毒，它们都可在空气中传播而致病。

细菌、真菌、病毒等空气中的微生物在室内滋生繁殖而污染空气，已经成为目前重要的公共环境卫生问题。

第四节　我国室内空气污染控制与监管保障体系

随着工业化、城镇化的推进，全球环境污染日益严重。从 20 世纪 60 年代开始，经济发达国家出现大规模室内装修热。在由建筑材料和装修材料围成的与室外环境相对隔离的室内小环境中，各种有害化学物质释放或散发出来，引起室内空气的污染，严重危害人体的健康，受到各国广泛关注。各国对室内环境污染的性质和危害做了大量研究和探讨，并制定了相应的室内环境污染物控制标准和评价方法。在长期的实践和总结中，逐渐形成了比较科学的室内环境质量控制和评价体系。

我国对室内空气质量标准的研究是从 20 世纪 90 年代中期开始的。当时，卫生部发布了《旅店业卫生标准》（GB 9663—1996）、《文化娱乐场所卫生标准》（GB 9664—1996）、《公共浴室卫生标准》（GB 9665—1996）、《理发店、美容店卫生标准》（GB 9666—1996）、《游泳场所卫生标准》（GB 9667—1996）、《体育馆卫生标准》（GB 9668—1996）、《图书馆、博物馆、美术馆、展览馆卫生标准》（GB 9669—1996）、《商场（店）、书店卫生标准》（GB 9670—1996）、《医院候诊室卫生标准》（GB 9671—1996）、《公共交通等候室卫生标准》（GB 9672—1996）、《饭馆（餐厅）卫生标准》（GB 16153—1996）、《居室空气中甲醛的卫生标准》（GB/T 16127—1995）等 20 项公共场所卫生标准。

2001 年 9 月，卫生部发布了《室内空气质量卫生规范》《木质板材中甲醛的卫生规范》和《室内用涂料卫生规范》。2001 年 11 月，国家质量监督检验检疫总局和建设部联合发布《民用建筑工程室内环境污染控制规范》（GB 50325—2001）；2001 年 12 月，国家质量监督检验检疫总局发布了《建筑材料放射性核素限量》（GB 6566—2001）、《室内装修装饰材料有害物质限量标准》（GB 18580 ～ 18588—2001）等 10 项标准。

2002 年 11 月，国家质量监督检验检疫总局、卫生部、国家环境保护总局联合发布《室内空气质量标准》（GB/T 18883—2002），并随着技术的进步与检测过程中发现的问题对相关标准进行了修订。

我国室内环境质量法律法规修订的次数较少，目前执行的主要的室内环境质量控制标准、规范和有害物质限量的标准等如下：

（1）2001 年 9 月国家卫生部制定的《室内空气质量卫生规范》。

（2）2002 年 11 月国家质量监督检验检疫总局、卫生部和国家环保局发布，2003 年 3 月 1 日起实施的《室内空气质量标准》（GB/T 18883—2002）。

（3）2003 年 3 月 1 日起实施、由国家质量监督检验检疫总局颁布的《空调通风系统清洗规范》（GB 19210—2003）。

（4）2006 年 3 月 1 日起实施、由国家质量监督检验检疫总局颁布的《公共场所集中空调通风系统卫生管理办法》。

（5）2010 年 9 月国家质量监督检验检疫总局、国家标准化管理委员会颁布，2011 年 7 月 1 日起实施的《建筑材料放射性核素限量》（GB 6566—2010）等 10 项强制性国家标准。

（6）2020 年 1 月国家住房和城乡建设部、国家市场监督管理总局联合发布，2020 年 8 月 1 日起实施的《民用建筑工程室内环境污染控制标准》（GB 50325—2020）。

上述标准和规范，尤其是《室内空气质量标准》和《民用建筑工程室内环境污染控制标准》，以及 10 种《室内装修装饰材料有害物质限量》，从我国室内环境现状出发，参照国际标准，结合技术发展与设备条件，共同构成我国一个比较完整的室内污染控制和评价标准体系。这些标准的实施，对于保护居民健康，促进我国检测与环境治理的发展和室内环境事业的发展具有十分重要意义。

第二章

室内装修装饰材料中主要污染物介绍

　　建筑装修装饰材料对建筑物的美观效果和功能发挥着很大作用，但是由于装修装饰材料由不同成分的物质制成，市场上装修装饰材料的质量良莠不齐，有些装修装饰材料中的有害物质含量没有得到有效控制，给室内空气带来一定程度的污染，甚至诱发各种疾病，严重影响人民群众的身心健康。

第一节　人造板

　　木材是人类最早使用的建筑材料之一。我国在使用木材方面历史悠久、成果辉煌。木材作为建筑材料具有许多优良性能，如质轻、强度高，容易加工，导热性低，导电性差，弹性和塑性好，能承受冲击和振动荷载，有的木材具有美丽的天然花纹，易于着色和油漆，给人以淳朴、古雅、亲切的质感，是极好的装修装饰材料，有其独特的功能和价值。目前，建筑装修装饰工程使用的木材按材质的不同可分为实木板和人造板两大类，应用最广泛的是人造板。

一、人造板的主要类型

　　人造板就是利用木材在加工过程中产生的边角废料，添加适量的化工胶粘剂制作而成的板材。人造板种类很多，常用的有细木工板、胶合板、刨花板、密度板、防火板、装饰面板、三聚氰胺板、强化木地板等装饰性人造板。这些人造板材有各自不同的特点，可以应用于不同的家具制造领域。

（一）细木工板

　　细木工板也称为大芯板，中间是以天然木条黏合而成的芯，两面粘上很薄的木皮。其防水防潮性能优于刨花板和中密度板，具有质轻、易加工、钉固牢靠、不易变形等优点，是室内装修和高档家具制作的理想材料。用细木工板制作的家具等木器要经过胶粘和刷漆两道工序，造价要高一些。细木工板按厚度分为 3 厘板、5 厘板、9 厘板（1 厘板即厚度为 1 mm 的板），板越厚，承受的压力越大，价格也越贵。

（二）胶合板

胶合板也称为夹板，行内俗称细芯板，由三层或多层 1 mm 厚的单板或薄板胶粘热压制而成，是手工制作家具最为常用的材料。胶合板一般分为 3 厘板、5 厘板、9 厘板、12 厘板、15 厘板和 18 厘板六种规格。胶合板分为阔叶树材胶合板和针叶树材胶合板两种。

（三）刨花板

刨花板是将木材加工过程中的边角料、木屑等切削成一定规格的碎片，经过干燥，拌以胶粘剂、硬化剂、防水剂，在一定的温度下压制而成的一种人造板材。按压制方法可分为挤压刨花板、平压刨花板两类。此类板材的主要优点是价格极其便宜。其缺点也很明显：防水性能差，不适宜制作较大型或者有力学要求的家具。

刨花板使家具板材多样化，因为刨花板结构比较均匀，加工性能好，可以根据需要加工成大幅面的板材，是制作不同规格、样式家具的较好的原材料。成品刨花板不需要再次干燥，可以直接使用，吸音和隔音性能也很好。但因为它边缘粗糙，容易吸湿，所以用刨花板制作的家具的封边工艺就显得特别重要。

（四）密度板

密度板也称为纤维板，是以木质纤维或其他植物纤维为原料，施加脲醛树脂或其他适用的胶粘剂制成的人造板材。按密度的不同可分为高密度板、中密度板、低密度板。密度板质软、耐冲击，也容易再加工。在国外，密度板是制作家具的一种良好材料。在我国，由于国家关于密度板的标准比国际标准低很多，因此密度板的使用质量还有待提高。

中密度纤维板的结构比天然木材均匀，也避免了腐朽、虫蛀等问题；同时，它胀缩性小，便于加工。中密度纤维板表面平整，易于粘贴各种饰面，可以使制成的家具更加美观。用于装饰的人造板材是普通人造板材经饰面二次加工的产品。

（五）防火板

防火板又称为塑料饰面人造板，是以硅质材料或钙质材料为主要原料，与一定比例的纤维材料、轻质骨料、黏合剂和化学添加剂混合，经蒸压技术制成的装饰板材。防火板是使用越来越多的一种新型材料，不仅仅是因为其能防火，还因为其具有优良的耐磨、阻燃、易清洁和耐水等性能。防火板的施工对于粘贴胶水的要求比较高，质量较好的防火板的价格比装饰面板还要贵。防火板的厚度一般为 0.8 mm、1.0 mm 和 1.2 mm。

防火板这种人造板材是制作餐桌面、厨房家具、卫生间家具的好材料。

（六）装饰面板

装饰面板按饰面材料可分为天然实木饰面人造板、塑料饰面人造板、纸质饰面人造板等多种类型，以纸质饰面人造板为主。纸质饰面人造板以人造板为基材，表面贴有木纹或其他图案的特制纸质饰面材料，它的各种表面性能比塑料饰面人造板稍差。常见的有宝丽板、华丽板等。

（七）三聚氰胺板

三聚氰胺板的全称是三聚氰胺浸渍胶膜纸饰面人造板，又称为免漆板，是一种墙面装饰材料。其制造过程是将不同颜色或带有不同纹理的纸放入三聚氰胺树脂胶粘剂中浸泡，待干燥到一定的固化程度，将其铺装在刨花板、中密度纤维板或硬质纤维板表面，经热压而成。

三聚氰胺板的饰面一般由表层纸、装饰纸、覆盖纸和底层纸等组成。

（1）表层纸是放在装饰板最上层，起保护、装饰作用的纸，它使加热加压后的板表面高度透明、坚硬耐磨。这种纸要求吸水性能好，洁白干净，浸胶后透明。

（2）装饰纸，即木纹纸，是装饰板的重要组成部分，分为有底色或无底色，印刷上各种图案。装饰纸放在表层纸的下面，主要起装饰作用，要求纸张具有良好的遮盖力、浸渍性和印刷性能。

（3）覆盖纸，也称钛白纸，一般在制造浅色装饰板时，放在装饰纸下面，以防止底层酚醛树脂透到表面。其主要作用是遮盖基材表面的色泽斑点，因此要求有良好的覆盖力。

以上三种纸张分别浸以三聚氰胺树脂。

（4）底层纸是装饰板的基层材料，对板起力学性能作用（支持作用），是浸以酚醛树脂胶经干燥而成，生产时可根据用途或装饰板厚度确定层数。

在挑选此种板式家具时，除了色彩及纹理外，还可以从以下几个方面辨别外观质量：有无污斑、划痕、压痕、孔隙，颜色、光泽是否均匀，有无鼓泡现象，有无局部纸张撕裂或缺损现象。

（八）强化木地板

强化木地板也称为浸渍纸层压木质地板、强化地板，一般是由四层材料复合而成，即耐磨层、装饰层、高密度基材层、平衡（防潮）层。

强化木地板是以一层或多层专用纸浸渍热固性氨基树脂，铺装在刨花板、高密度纤维板等人造板基材表层，背面加平衡防潮层，正面加耐磨层和装饰层，经热压成型的地板。

二、人造板的生产工艺

人造板的生产工艺相对来说比较复杂，一般包含切削、干燥、施胶、成型及其他处理工艺。

（一）切削

原材料处理和产品最终加工，都要应用切削工艺，如单板的旋切、刨切，木片、刨花的切削，纤维的研磨分离，以及最终加工中的锯截、砂磨等。将木材切削成不同形状的单元，按一定方式重新组合为各种板材，可以改善木材的某些性质，如各向异性、不均质性、湿胀及干缩性等。大单元组成的板材力学强度较高，小单元组成的板材均质性较好。

（二）干燥

干燥包括单板干燥、刨花干燥、干法纤维板工艺中的纤维干燥及湿法纤维板工艺中的热处理。人造板干燥的工艺和过程控制与成材干燥有所不同。成材干燥的过程控制是以干燥介质的相对湿度为准，必须注意防止干燥应力的产生；而人造板所用片状、粒状材料的干燥则是在相对高温、高速和连续化条件下进行的，加热阶段结束立即转入减速干燥阶段。单板及刨花等材料薄，表面积大，干燥应力的影响甚小或者不存在。干燥的热源大多是蒸气或燃烧气体。

（三）施胶

施胶包括单板涂胶、刨花及纤维施胶。单板涂胶在欧洲仍沿用传统的滚筒涂胶，美国自 20 世纪 70 年代起许多胶合板厂已改用淋胶。我国胶合板厂使用滚筒涂胶。淋胶方法适宜于整张化中板和自动化组坯的工艺过程。刨花及纤维施胶现在主要用喷胶方法。

（四）成型

刨花板纤维板的板坯成型和加压都属于人造板制造的成型工艺。加压分预压及热压。使用无垫板系统时必须使板坯经过预压，预压可使板坯在推进热压机时不致损坏。热压工序是决定企业生产能力和产量的关键工序，人造板工业中常用的热压设备主要是多层热压机，此外，单层大幅面热压机和连续热压机也逐渐被采用。刨花板工厂多用单层热压机；中密度纤维板制造中使用单层热压机就可以实现高频和蒸汽联合使用的复式加热，有利于缩短加压周期和改善产品断面密度的均匀性。

（五）其他处理

最终加工板材从热压机卸出后，经过冷却和含水率平衡阶段，即进行锯边、砂磨，硬质纤维板需经热处理及调湿处理。根据使用要求，有些板材还需进行浸渍、油漆、复面、封边等特殊处理。

三、人造板中的主要有害物质

人们在美化家居的时候大量使用各种木质家具，尤其是复合地板、板式家具等，这些胶合板、细木工板、中密度纤维板、刨花板等人造板在制作过程中大量添加和使用胶粘剂。这些胶粘剂被深度封存在板材中，造成甲醛大量聚积，之后持续释放而危害人体健康。因此，室内空气污染超标，人造板是甲醛最主要的释放源。这些板材释放出的有害物质主要有甲醛及其他挥发性有机化合物。

（一）甲醛

（1）木材物料本身在受热分解的条件下会释放出由木素生成的甲醛。木材热解时可以从多聚糖生成氢键脂肪酸，这些酸对木素起水解作用，会导致部分木素分解成甲醛。木材热解时也可从多聚糖分解出甲醛。刨花干燥是在有空气存在的条件下进行的，故木素或半纤维分解产物甲醇有可能转变成甲醛。

（2）因生产工艺需要而施加到物料中的脲醛树脂胶中含有甲醛，尤其是在热压工序中，从板堆中向外排放甲醛。人造板材中使用的胶粘剂自身含有游离的甲醛，其含有的不稳定化学键与基团在较低 pH、高温、高湿下会断裂，不断分离出甲醛。树脂合成时留下未反应的游离甲醛，以及参与反应生成的不稳定的甲醛，在热压过程中会释放出来。树脂合成时吸附在胶体粒子表面的已质子化的甲醛分子，在电解质的作用下也会释放出来。

隐藏在木制家具中的甲醛会随着室内温度、湿度的变化而不断向室内空气中散发，持续时间可达 3～15 年。

（二）其他挥发性有机化合物

大部分人造板是由木质纤维或刨花与水基胶粘剂组合而成，通常所用的胶粘剂有脲醛树脂胶（UF）、酚醛树脂胶（PF）和异氰酸酯胶（PMDI）等，另外，还含有其他一些附加成分，如催化剂、石蜡、防腐剂等。人造板中的挥发性有机化合物主要是由组成板材的各种物质的成分挥发出来的，主要成分有甲醛、a－蒎烯、乙二醇、乙醛、庚醛和醋酸。

四、人造板及其制品的甲醛释放量分级

根据最新国家标准《人造板及其制品甲醛释放量分级》（GB/T 36900—2021）的规定，室内用人造板及其制品的甲醛释放量按照限量值分为三个等级，具体分级要求应符合表 2－1。

表2-1　室内用人造板及其制品甲醛释放量分级

甲醛释放限量等级	限量值/(mg·m^{-3})	标识
E$_1$ 级[①]	≤0.124	E$_1$
E$_0$ 级	≤0.050	E$_0$
E$_{NF}$ 级	≤0.025	E$_{NF}$

注：① E$_1$ 级为 GB 18580—2017 中规定的人造板及其制品甲醛释放限量值及标识。

第二节　溶剂型木器涂料

溶剂型木器涂料是指涂敷于物体表面与基体材料之间，使之很好地黏结并形成完整而坚韧的保护膜的材料。溶剂型木器涂料的漆膜硬度高，具有耐磨、耐腐蚀、耐低温、溶解力强、挥发速度适中等特点，是目前建筑业常用的装修装饰材料。

一、溶剂型木器涂料的用途和分类

溶剂型木器涂料是以甲苯、二甲苯、醋酸丁酯、环己酮等作为溶剂，以合成树脂为基料，配合组剂、颜料等，经分散、研磨而成。在现代室内装修中，溶剂型木器涂料主要用在木质材料与墙面上，既可达到装饰的目的，又可保护板材的表面。

溶剂型木器涂料种类繁多，常用的有聚酯漆、聚氨酯树脂漆、硝基漆、丙烯酸漆、亚光漆、调和漆、磁漆、光漆、喷漆等。其中，聚氨酯树脂漆涂膜坚硬耐磨，附着力强，耐热性好，是当前室内装修装饰和家具涂装上用量最大的品种；硝基漆施工简便，干燥快，易修补，家具厂常用来涂装家具表面；在我国中西部地区，尤其是广大农村，醇酸调和漆的使用仍很普通。目前，家庭装修装饰中最常用的是聚氨酯树脂漆。

二、溶剂型木器涂料中的主要有害物质

用于室内装修装饰的溶剂型木器涂料大部分以有机物作为溶剂。二甲苯系溶剂具有溶解力强、挥发速度适中等特点，是目前涂料业常用的溶剂。聚氨酯树脂涂料是综合性能优异并应用广泛的品种，在室内木器涂料中占有很重要的位置。目前国内不少中小企业受较落后的生产技术及生产条件的限制，其产品中游离甲苯二异氰酸酯（TDI）含量偏高。综合考虑木器涂料的类型、组成及性质，在施工及使用过程中能够造成室内空气质量下降，有可能影响人体健康的有害物质主要为挥发性有机化合物、苯、甲苯和二甲苯、游离甲苯二异氰酸酯，以及可溶性铅、镉、铬和汞等重金属。

（一）挥发性有机化合物

挥发性有机化合物（VOCs）会对环境产生污染，加大室内有机污染物的浓度，严重时会引起头痛、咽喉痛，危害人体健康。

根据涂料中挥发性有机化合物的挥发性能，按照涂膜状态，可把挥发过程简单地分为两个阶段：第一阶段为"湿"阶段，此阶段内挥发速率极快，在数小时内即可挥发出总量的90%以上；第二阶段为"干"阶段，此阶段内挥发速率会大大降低。由于挥发性有机化合物的这一挥发性能，施工后的涂膜经 7 d 养护后，挥发出的有机化合物极少，因此，只要适当控制施工到居住使用的时间，并在此时间内保证室内通风良好，挥发性有机化合物对室内空气的影响及对人体的危害就会降到最低。

（二）苯、甲苯和二甲苯

苯已被世界卫生组织国际癌症研究中心确认为强致癌物质，主

要影响人体的造血系统、神经系统，对皮肤也有刺激作用，所以对其含量应严加控制。甲苯和二甲苯对人体的危害主要是影响中枢神经系统，对呼吸道和皮肤产生刺激作用。二者的化学性质相似，在涂料中常相互替代使用，对人体的危害呈相加作用，所以对涂料中的甲苯和二甲苯含量要进行总量控制。目前，涂料生产企业已很少用苯作为溶剂使用，木器涂料中苯主要是作为杂质由甲苯和二甲苯带入的，苯含量的高低与甲苯和二甲苯的生产工艺有关。

（三）游离甲苯二异氰酸酯

游离甲苯二异氰酸酯（TDI）是一种毒性很强的吸入性毒物，在人体中具有聚积性和潜伏性，还是一种黏膜刺激物质，对眼和呼吸系统具有很强的刺激作用，会引起致敏性哮喘，严重者会引起窒息等，因此对游离甲苯二异氰酸酯的含量应严加控制。

聚氨酯树脂涂料在施工及涂膜养护的过程中，会逐渐释放出游离甲苯二异氰酸酯，对人体健康造成较大危害，因此，对室内装修用的聚氨酯树脂涂料，应严格控制其游离甲苯二异氰酸酯的含量。

（四）可溶性铅、镉、铬和汞等重金属

可溶性铅、镉、铬和汞等重金属是常见的有毒污染物，其可溶物对人体有明显的危害。过量的铅能损伤神经、造血和生殖系统，对儿童的危害尤其大，可影响儿童生长发育和智力发育，因此，铅污染的控制已成为世界性的关注热点和趋势。长期吸入镉尘可损害肾或肺功能，皮肤长期接触铬化合物会引起接触性皮炎或湿疹，汞慢性中毒主要影响中枢神经系统。

涂料中的重金属主要来自着色颜料，如红丹、铅铬黄、铅白等。此外，由于无机颜料通常是从天然矿物质中提炼，并经过一系列化学、物理反应而制成，因此难免夹带微量的重金属。木器涂料中有毒重金属对人体的影响主要来源于木器在使用过程中干漆膜与人体的长期接触，如果误入口中，其可溶物将对人体造成危害。

第三节　内墙涂料

内墙涂料是用于内墙和顶棚的一种装饰涂料，其主要功能是装饰和保护内墙的墙面及顶棚，使其整洁美观，让人处于平静、舒适的居住环境中。

一、内墙涂料的分类与要求

（一）内墙涂料的分类

建筑内墙涂料按其主要成膜物质的化学成分可分为有机涂料、无机涂料、无机－有机复合涂料，有机涂料常用的有溶剂型涂料、水溶性涂料和乳胶涂料。

（二）常用内墙涂料的质量要求

目前，建筑物室内常用的涂料有合成树脂乳液内墙涂料、水溶性内墙涂料（如聚乙烯醇缩甲醛内墙涂料、聚乙烯醇水玻璃内墙涂料、改性聚乙烯醇系内墙涂料）和多彩内墙涂料等。

1. 合成树脂乳液内墙涂料

合成树脂乳液内墙涂料是以合成树脂乳液为基料的薄型内墙涂料。它以水代替传统油漆中的溶剂，对环境不产生污染，安全无毒，保色性好，透气性佳，容易施工，是建筑涂料中极其重要的一族，一般用于室内墙面装饰，但不宜用于厨房、卫生间、浴室等潮湿的墙面。

根据现行国家标准《合成树脂乳液内墙涂料》（GB/T 9756—

2018）的规定，合成树脂乳液内墙涂料是以合成树脂乳液为基料，与颜料、填料及各种助剂配制而成的，施涂后能形成表面平整的薄质涂层。这类涂料包括底漆和面漆。

2. 水溶性内墙涂料

水溶性内墙涂料是以水溶性化合物为基料，加入一定量的填料、颜料和助剂，经过研磨、分散后制成的。这类涂料的成膜机理是开放型颗粒成膜，具有一定的透气性，对基层的干燥度要求不高，适用于室内墙壁的装饰。这类涂料不含有机溶剂，安全、无毒、无味、不燃、不污染环境。产品分为Ⅰ类与Ⅱ类两种。Ⅰ类产品适用于湿度较大房间内墙的涂饰，Ⅱ类适用于一般房间内墙的涂饰。

水溶性内墙涂料属于中低档涂料，主要用于一般民用建筑室内墙面的装饰。目前，常用的水溶性内墙涂料有聚乙烯醇缩甲醛内墙涂料、聚乙烯醇水玻璃内墙涂料（俗称106内墙涂料）和改性聚乙烯醇系内墙涂料（俗称803内墙涂料）等。

3. 多彩内墙涂料

多彩内墙涂料又称为多彩花纹内墙涂料，是一种比较新颖的内墙涂料，目前比较受欢迎。这类涂料具有涂层色泽优雅、富有立体感、装饰效果好等特点，其涂膜质地较厚，弹性、整体性和耐久性好，并且耐油、耐水、耐腐、耐洗刷、耐污染、耐腐蚀。适用于建筑物内墙和顶棚的混凝土、砂浆、石膏板、木材、钢铁、铝及铝合金等多种基面。

根据现行的行业标准《多彩内墙涂料》（JG/T 3003—1993）的规定，多彩内墙涂料由两种或两种以上的油性着色粒子悬浮在水性介质中，通过一次喷涂即能成型。

二、内墙涂料中的主要有害物质

涂料是现代生活环境中的第二大污染源，因此，人们越来越重视涂料对环境的污染问题。内墙涂料在施工及使用过程中能够造成室内空气质量下降，可能影响人体健康的有害物质主要为挥发性有机化合物，如游离甲醛，可溶性铅、镉、铬和汞等重金属，以及苯、甲苯和二甲苯。

现行国家标准《建筑用墙面涂料中有害物质限量》（GB 18582—2020）规定了室内装修装饰用水性墙面涂料（包括面漆和底漆）和水性墙面腻子中对人体有害物质容许限量的要求、试验方法、检验规则、包装标志、涂饰安全及防护。

第四节　胶粘剂

胶粘剂是指通过界面的黏附和内聚等作用，能使两种或两种以上的制件或材料连接在一起的，天然的或合成的、有机的或无机的一类物质的统称。胶接是指同质或异质物体表面用胶粘剂连接在一起的技术，这种技术具有应力分布连续、重量较轻、密封较好、操作简便、多数工艺温度低等特点。胶接特别适用于不同材质、不同厚度、超薄规格和复杂构件的连接，广泛应用在室内装修装饰工程中，是室内装修装饰施工中不可缺少的重要材料。

一、胶粘剂的组成与分类

（一）胶粘剂的组成

胶粘剂是由多种成分组成的，主要包括黏结物质、固化剂、增韧剂、稀释剂、填料、改性剂等。

1. 黏结物质

黏结物质也称为黏料，它是胶粘剂中的基本组分，主要起到黏结作用，其性质决定了胶粘剂的性能、用途和使用条件。一般多用各种树脂、橡胶类及天然高分子化合物作为黏结物质。

2. 固化剂

固化剂是促使黏结物质通过化学反应加快固化的组分。有的胶粘剂中的树脂（如环氧树脂）若不加固化剂，其本身就不能变成坚硬的固体。固化剂也是胶粘剂的主要组分，其性质和用量对胶粘剂的性能起着重要的作用。

3. 增韧剂

增韧剂是为了改善黏结层的韧性，提高其抗冲击强度的组分。常用的增韧剂有邻苯二甲酸二丁酯和邻苯二甲酸二辛酯等。

4. 稀释剂

稀释剂又称为溶剂，主要起降低胶粘剂黏度的作用，以便于操作、提高胶粘剂的湿润性和流动性。常用的稀释剂有机溶剂有丙酮、苯和甲苯等。

5. 填料

填料一般在胶粘剂中不发生化学反应，而能使胶粘剂的稠度增加、热膨胀系数降低、收缩性减少、抗冲击强度和机械强度提高。常用的填料有滑石粉、石棉粉和铝粉等。

6. 改性剂

改性剂是为了改善胶粘剂的某一方面性能，以满足特殊要求而加入的一些组分。如为增加胶接强度，可加入偶联剂，还可以根据要求加入防腐剂、防霉剂、阻燃剂和稳定剂等。

（二）胶粘剂的分类

胶粘剂的分类方法有很多种，按应用方法可分为热固型、热熔型、室温固化型、压敏型等，按应用对象可分为结构型、非结构型或特种胶，按形态可分为水溶型、水乳型、溶剂型及各种固态型，等等。对胶粘剂进行简单的分类如下：

（1）根据胶粘剂黏料的化学性质，可分为无机胶粘剂和有机胶粘剂。例如，水玻璃、水泥、石膏等胶凝材料，均可作为无机胶粘剂来使用；而以高分子材料为黏料的胶粘剂均属于有机胶粘剂。

（2）按照胶粘剂的物理状态，可分为液态、固态和糊状胶粘剂，其中固态胶粘剂又可分为粉末状的和薄膜状的胶粘剂，而液态胶粘剂则可以分为水溶液型、有机溶液型、水乳液型和非水介质分散型胶粘剂等。

（3）按照胶粘剂的来源，可分为天然类和合成类。例如，天然橡胶、沥青、松香、明胶、纤维素、淀粉胶等都属于天然胶粘剂，而采用聚合方法人工合成的各种胶粘剂均属于合成胶粘剂。

（4）常见的有机胶粘剂，按照分子结构可分为热塑性树脂、热固性树脂、橡胶胶粘剂等。

（5）按照胶粘剂的应用方式，可分为压敏胶粘剂、再湿胶粘剂、瞬干胶粘剂、延迟胶粘剂等。

（6）按照胶粘剂的使用温度范围，可分为耐高温、耐低温和常温使用的胶粘剂；而根据其固化温度，则可分为常温固化型、中温固化型和高温固化型胶粘剂。

（7）根据胶粘剂的应用领域，可分为土木建筑用，纸张与植物用，汽车、飞机和船舶用，电子和电气用及医疗卫生用胶粘剂等种类。

（8）根据胶粘剂的化学成分，可分为环氧树脂胶粘剂、聚氨酯胶粘剂、聚醋酸乙烯胶粘剂等。

二、胶粘剂中的主要有害物质

胶粘剂中的溶剂能降低胶粘剂的黏度，使胶粘剂具有良好的浸透力，改进工艺性能。常用的溶剂有苯、焦油苯、甲苯、二甲苯、甲醛、甲苯二异氰酸酯、汽油、丙酮、乙酸丁酯等，其中苯、甲苯、二甲苯、甲醛和甲苯二异氰酸酯的毒性较大，对人体健康危害严重。

（一）挥发性有机化合物

挥发性有机化合物在胶粘剂中存在较多，如溶剂型胶粘剂中的有机溶剂，三酸胶（酚醛、脲醛、三聚氰胺）中的游离甲醛、不饱和聚酯胶粘剂中的苯乙烯、丙烯酸酯乳液胶粘剂中的未反应单体、改性丙烯酸酯结构胶粘剂中的甲基丙烯酸甲酯、聚氨酯胶粘剂中的多异氰酸酯、一氰基丙烯酸酯胶粘剂中的 SO_2、4115 建筑胶中的甲醇、丙烯酸酯乳液中的增稠剂氨水等。

如果以上这些易挥发性物质排放到大气中，对环境危害很大，而且有些会发生光化作用产生臭氧。低层空间的臭氧污染大气，影响生物的生长和人类的健康；有些卤代烃溶剂则是破坏大气臭氧层的物质。有些芳香烃溶剂毒性很大，甚至有致癌性。

（二） 游离甲苯二异氰酸酯

游离甲苯二异氰酸酯主要存在于装修涂料之中，超出相应标准的游离甲苯二异氰酸酯会对人体造成伤害，主要是致敏和刺激作用，出现眼睛疼痛、流泪、结膜充血、咳嗽、胸闷、气急、哮喘、红色丘疹、斑丘疹、接触性致敏等症状。

第五节　壁　　纸

一、壁纸的用途与分类

壁纸通常用漂白化学木浆生产原纸，再经不同工序进行加工处理，如涂布、印刷、压纹或表面覆塑，最后经裁切、包装后出厂。壁纸因为具有一定的强度、美观的外表和良好的抗水性能，广泛用于住宅、办公室、宾馆、酒店等的室内装修。

壁纸具有色彩多样、图案丰富、制作灵活、豪华气派、安全环保、施工方便、价格适宜等其他室内装饰材料所无法比拟的特点，深受人们的喜爱。20 世纪 70 年代中期，壁纸装饰曾风靡一时，但由于最初的壁纸含有塑料成分，并采用油墨印刷，遇火燃烧会产生对人体有害的气体，塑料本身也含有氯乙烯类的有机化合物，故大面积铺设对人体健康不利。

制造壁纸的材料很多，大体上可分为纸类、纺织纤维类、玻璃纤维类和塑料类。

（一） 纸类壁纸

纸类壁纸是以纸为基材，经印花后压花而成，具有自然、舒适、无异味、环保性好、价格便宜、透气性强等特点。由于是纸质，所以有非常好的上色效果，适合染各种鲜艳的颜色甚至工笔画；但力学性能差，不耐潮湿、水洗，粘贴技术要求较高，使用不方便。

（二）纺织纤维类壁纸

纺织纤维类壁纸是由棉、毛、麻、丝等天然纤维及化学纤维制成各种色泽、花式的粗细纱或织物，再与木浆基纸贴合制成。纺织纤维类壁纸无毒，隔音，透气，有一定的调湿和防止墙面结露长霉的功效。它的视觉效果好，特别是天然纤维有丰富的质感，且有十分诱人的装饰效果。

（三）玻璃纤维类壁纸

玻璃纤维类壁纸也称为玻璃纤维墙布，是以中碱玻璃纤维为基材，在玻璃纤维布表面涂以耐磨合成树脂，经加热塑化、印刷上色、复卷等工序加工而成的新型墙壁装饰材料，合成树脂主要为浮液法生产的聚氯乙烯或氯乙烯－乙酸乙烯共聚物。其特点是色彩鲜艳、不褪色、不变形、不老化、防水、耐洗、施工简单、强度较高、粘贴方便。

（四）塑料类壁纸

塑料类壁纸包括涂塑壁纸和压塑壁纸。涂塑壁纸是以木浆原纸为基层，涂布氯乙烯－乙酸乙烯共聚乳液，与钛白、瓷土、颜料、助剂等配成的乳胶涂料，烘干后再印花而成。聚氯乙烯压塑壁纸是聚氯乙烯树脂与增塑剂、稳定剂、颜料、填料经混炼、压延成薄膜，然后与纸基热压复合，再印花、压纹而成。两种壁纸均具有耐擦洗、透气性好的特点。塑料类壁纸是20世纪50年代发展起来的装饰材料，之后，其种类不断增加，产量逐年提高，已成为应用最广泛的装饰材料。塑料类壁纸可分为印花壁纸、压花壁纸、发泡壁纸、特种壁纸、塑料墙布五大类。随着工艺技术的改进，新品种层出不穷。

二、壁纸中的主要有害物质

消费者在选用壁纸作为室内墙面装饰材料时，既要注意其具有的良好的装饰性，又要特别注意其对人体健康的影响。国内外应用实践证明，壁纸中含有一些有毒物质，会造成室内环境的污染，必然会影响人体的健康。

壁纸装饰对室内空气质量的影响主要来自两个方面，一是壁纸本身的有害物质造成的污染，二是壁纸在施工中由于使用胶粘剂和施工工艺造成的室内环境污染。

（一）壁纸生产加工过程中的污染

壁纸在生产加工过程中，由于原材料、工艺配方等，可能残留铅、钡、氯乙烯、甲醛等有害物质，这些有害物质如不能有效控制，将会造成室内空气污染，严重威胁居住者的身体健康。其中，甲醛、氯乙烯单体等挥发性有机化合物刺激人的眼睛和呼吸道，造成肝、肺、免疫功能异常；壁纸上残留的铅、镉、钡等金属元素，其可溶性将对人的皮肤、神经、内脏造成危害，尤其是对儿童身体发育和智力发育有较大影响。因此，人们在享受壁纸给生活带来的温馨与舒适时，对它的内在质量安全问题也应倍加关注。

由于壁纸中的成分不同，其对室内空气环境的影响也不同。天然纺织物壁纸，尤其是纯羊毛壁纸中的织物碎片是一种致敏源，很容易污染室内空气。塑料类壁纸由于其美观、价廉、耐用、易清洗、施工方便等优点，发展非常迅速；但在使用过程中，由于其中含有未被聚合的单体，或者塑料老化分解，可向室内释放大量的有机物，如甲醛、氯乙烯、苯、甲苯、二甲苯、乙苯等，严重污染室内空气。如果房间的门窗紧闭，室内污染的空气得不到室外新鲜空气的置换，这些有机物就会聚集起来，久而久之，就会使居住者的

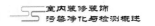

健康受到损害。

（二）壁纸粘贴施工过程中的污染

壁纸粘贴到墙面上所用的材料是胶粘剂。胶粘剂在生产过程中，为了使产品有良好的浸透力，通常使用大量的挥发性有机溶剂。因此在壁纸粘贴过程中，有可能释放出甲醛、苯、甲苯、二甲苯，以及其他挥发性有机化合物等有害物质。

第六节　聚氯乙烯卷材地板

塑料地板是以高分子合成树脂为主要材料，加入适量的其他辅助材料，经一定的制作工艺制成的预制块状、卷材状或现场铺贴的整体状的地面材料。聚氯乙烯卷材地板是塑料地板中的一种。

一、聚氯乙烯卷材地板的分类

聚氯乙烯（PVC）卷材地板俗称地板革，是在室内应用比较广泛的地板材料，不仅具有木制地板的较好的弹性、保暖舒适的特点，而且具有石材、地砖防潮防湿的优点，还具有拼装简单、花色新颖、价格较低等特点，受到消费者的欢迎。

目前，我国生产的塑料地板大多数采用PVC树脂，具有耐磨性好、易于清扫、便于保养、成本较低等优点。在室内地面装修装饰中常用的PVC塑料地板有硬质PVC地板砖、软质PVC卷材、印花发泡塑料地板、覆膜彩印PVC塑料地板及其他PVC地板。

（一）硬质PVC地板砖

我国早期采用的产品多为PVC石棉地板砖，即在PVC地板砖中添加 1～3 倍的石棉。这种地板砖具有价格较低、尺寸稳定、耐磨耐燃等优点，但因石棉对人体健康有害，故使用受到很大限制。根据环保的要求，这种地板砖后来转为以添加碳酸钙为主的 PVC 地板砖，得到广泛应用。

（二）软质 PVC 卷材

软质 PVC 卷材与硬质 PVC 地板砖配料不同，主要是少加填料而增加增塑剂的成分，其 PVC 树脂与填料的比例约为 1∶1，PVC 树脂与增塑剂的比例约为 2∶1。这种卷材质地柔软、富有弹性、脚感良好，但表面耐热性较差。

（三）印花发泡塑料地板

印花发泡塑料地板多为半硬质塑料地板，主要原料也是 PVC 树脂。与上述塑料地板不同的是，除表面有印花装饰外，其中间层为加有 2% AC 发泡剂的 PVC 材料，在压延时形成 PVC 泡沫层，提高了地板的弹性和隔音、隔热性。其基层可使用石棉纸、无纺布或玻璃纤维布等。

（四）覆膜彩印 PVC 塑料地板

为增强塑料地板的防滑性能，在表面彩印层上涂覆透明 PVC 糊层后再进行压花处理，形成覆膜彩印 PVC 塑料地板。

（五）其他 PVC 地板

1. 抗静电 PVC 地板

抗静电 PVC 地板是指在生产配料时，选用适当的填料，并掺用抗静电剂及其他附加剂，使地板具有抗静电功能。这类地板适用于邮电、实验室、计算机房、精密仪表控制车间等的地面铺设。

2. 防尘 PVC 地板

防尘 PVC 地板是以 PVC 树脂为基料，非金属无机材料为填料，内掺吸湿防尘添加剂制成，铺地后具有防尘作用，适用于纺织车间和要求空气净化的防尘仪表车间等。

二、聚氯乙烯卷材地板中的主要有害物质

目前，市场上聚氯乙烯卷材地板的同类产品中包括无基材聚氯乙烯卷材地板、聚氯乙烯无纺布基地板革、带基材的聚氯乙烯卷材地板等多种卷材地板。在这些产品的生产过程中，均不同程度地加入一些添加剂，有的生产企业为降低成本，使用一些价格较低但对人体有害的增塑剂、发泡剂、含油墨及有毒的有机溶剂，这些添加剂中所含的可溶性重金属、氯乙烯单体、挥发性有机化合物等有害的物质对人体健康有较大的危害。

地板革产品的有害物质主要是重金属和限量挥发物。重金属主要是指铅、镉等，限量挥发物主要是指醇类、甲苯等物质。一些规模较小、不重视产品质量的企业生产的聚氯乙烯卷材地板产品，大多数含有这些有害物质，并且含量超过国家标准。

（一）聚氯乙烯对人体健康的影响

聚氯乙烯在常温下是一种无色、有芳香气味的气体，是一种活性较低的高分子化合物，在室内释放可造成室内人员闻到不舒服的气味，出现眼结膜刺激、接触性皮炎、过敏等症状，甚至更加严重的后果。聚氯乙烯卷材地板中氯乙烯单体含量的高低取决于所用的原料。

（二）铅对人体健康的影响

铅广泛存在于生活环境中，人可通过饮水、呼吸、进食和吸烟

等途径将铅摄入体内。环境中的铅主要从消化道、呼吸道和皮肤进入人体。在正常情况下，进入人体内的铅仅有5%～10%被人体吸收，而90%以上随着粪便排出。当人体摄入的铅量大于排出体外的铅量时，铅就会在体内蓄积，从而影响人体的生理功能，甚至引起各种病理变化。体内的铅除随粪便排出外，还能从尿中排出。因此，尿铅是反映近期接触铅水平的敏感指标。

铅中毒主要损害造血系统、神经系统和肾脏等。血液红细胞和血红蛋白减少引起的贫血，是急性和慢性铅中毒的早期表现，也是长期低水平接触铅的主要临床表现。铅中毒时可出现非对称性脑下垂、脑肿胀或水肿。急性铅中毒可引起明显的中毒性肾病，慢性铅中毒可引起高血压和肾脏损害。小儿发生铅中毒时 X 射线照片上可见骨骼密度增加带。慢性铅中毒还可引起女性月经异常，新生儿体重低，婴儿发育迟缓和智力低下，男性精子数量减少、畸形和活动能力减弱。

（三）镉对人体健康的影响

镉为银白色结晶体或白色粉末，有光泽、质地软、富有延展性，在热盐酸中缓慢溶解，在空气中缓慢氧化，并覆盖一层氧化镉膜。镉蒸气和镉盐对人体均有毒害作用。室内环境中的镉长期通过空气、水及食物进入人体中，导致慢性镉中毒。慢性镉中毒患者尿中镉含量升高，出现贫血、蛋白尿、嗅觉失灵等症状，牙齿和颈部出现釉质黄色镉环，随后可出现肾功能减退和肺气肿等症状。慢性镉中毒还可以引起钙代谢失调，导致骨软化和骨质疏松，患者易发生骨折，有时咳嗽或打喷嚏也能引起骨折。大量吸入含镉的烟尘、蒸气或误服镉剂，可导致急性镉中毒，中毒症状可在吸入镉 4～6 h 后出现，最初表现为口干、头痛、呼吸困难、恶心、呕吐和腹泻等，初期常常被误诊为流感而延误治疗。误服镉引起的急性镉中毒主要表现为急性发作性恶心、呕吐和腹泻，严重时可继发心、肺功能紊乱和心室震颤，甚至导致死亡。

（四）挥发性有机化合物对人体健康的影响

挥发性有机化合物的主要成分为胶粘剂、稀释剂的残留物、增塑剂、稳定剂中的易挥发物质和油墨中的混合溶剂在印刷层的少量残留物。挥发性有机化合物对环境产生污染，危害人体健康，其主要来源是增塑剂。

涂敷法生产的聚氯乙烯卷材地板要经过 200 ℃以上的高温进行发泡，质量好的增塑剂和溶剂在这样的高温下残留很少，对人体健康的危害也小；压延法生产的聚氯乙烯卷材地板没有经过这样的高温且不发泡，所以挥发性有机化合物的残留比较多，对人体健康的危害较大。

第七节　地　　毯

地毯是以棉、麻、毛、丝、草等天然纤维或化学合成纤维为原料，经手工或机械工艺进行编结、簇绒或纺织而成的地面铺敷物。它是世界范围内具有悠久历史传统的工艺美术品类之一。地毯主要铺设于住宅、宾馆、体育馆、展览厅、车辆、船舶、飞机等建筑室内的地面，有减少噪声、隔热和装饰的作用。

一、地毯的分类

地毯所用的材料从最初的原状动物毛，逐步发展为精细的毛纺、麻、丝及人工合成纤维等，编织方法也从手工发展到机械编织。如今，地毯已成为品种繁多，花色图案多样，低、中、高档系列产品皆有的地面铺装材料。

（一）按地毯材质不同分类

按地毯材质的不同，可以分为纯毛地毯、混纺地毯、化纤地毯、塑料地毯、剑麻地毯和橡胶地毯六大类。

1. 纯毛地毯

纯毛地毯即羊毛地毯，是以粗绵羊毛为主要原料，采用手工编织或机械编织而成。纯毛地毯具有质地厚实、不易变形、不易燃烧、不易污染、弹性较大、拉力较强、隔热性好、经久耐用、光泽较好、图案清晰等优点，装饰效果极好，是一种高档铺地装饰材料。纯毛地毯的耐磨性一般是由羊毛的质地和用量决定的。其用量以每平方厘米的羊毛量，即绒毛密度来衡量。对于手工编织的地毯，一般以"道"的数量来衡量其密度，地毯的档次也与其道数成正比，一般家用地毯为 90 ～ 150 道，高级装修用的地毯在 250 道以上，目前最高档的纯毛地毯达 400 道。

2. 混纺地毯

混纺地毯是以羊毛纤维与合成纤维混纺后编制而成的地毯，其性能介于纯毛地毯与化纤地毯之间。合成纤维的品种多，且性能各不相同，当混纺地毯中所用的合成纤维品种或掺入量不同时，制成的混纺地毯的性能也不相同。

合成纤维的编入可显著改善纯毛地毯的耐磨性，如在羊毛中加入 15% 的锦纶纤维，织成的地毯比纯毛地毯更耐磨损；在羊毛中掺入 20% 的尼龙纤维，地毯的耐磨性可提高 5 倍，其装饰性能不亚于纯毛地毯，而价格比纯毛地毯低很多。

3. 化纤地毯

化纤地毯也称为合成纤维地毯，是用簇绒法或机织法将合成纤维制成面层，再与麻布背衬材料复合处理而成。化纤地毯一般是由面层、防松涂层和背衬三部分构成。按面层织物的织造方法不同，又可分为簇绒地毯、针刺地毯、机织地毯、粘合地毯和静电植绒地毯等，其中以簇绒地毯的产销量最大，其次是针刺地毯和机织地毯。我国对这三种地毯制定了产品标准，它们分别是：《簇绒地毯》（GB/T 11746—2008）、《针刺地毯》（GB/T 15051—1994）和《机织地毯》（GB/T 14252—2008）。

化纤地毯常用的合成纤维有丙纶（聚丙烯纤维）、腈纶（聚丙烯腈纤维）、涤纶（聚酯纤维）及锦纶（聚丙烯酰胺纤维）等。化纤地毯的外观和触感似纯毛地毯，耐磨且富有弹性，是目前用量最大的中、低档地毯品种。

化纤地毯的共同特性是不发霉、不易虫蛀、耐腐蚀、质量轻、吸湿性小、易于清洗等。各种化纤地毯还有各自的特性，应注意它们之间的区别。如在着色性能方面，涤纶纤维的着色性很差；在耐磨性能方面，锦纶纤维最好，腈纶纤维最差；在耐曝晒性能方面，腈纶纤维最好，丙纶纤维和锦纶纤维较差；在弹性方面，丙纶纤维和锦纶纤维弹性好，恢复能力较好，而锦纶纤维和涤纶纤维比较差；在抗静电性能方面，锦纶纤维在干燥环境下容易造成静电积累。

4．塑料地毯

塑料地毯系采用聚氯乙烯树脂为基料，加入填料、增塑剂等多种辅助材料和添加剂，经均匀混炼、塑化，并在地毯模具中成型而制成的一种新型轻质地毯。这种地毯具有质地柔软、质量较轻、色彩鲜艳、脚感舒适、自熄不燃、经久耐用、污染可洗、耐水性强等优点。塑料地毯一般是方块形，常见的规格有 400 mm × 400 mm、500 mm × 500 mm、1000 mm × 1000 mm 等，主要适用于一般公共建筑和住宅地面的铺装，如宾馆、商场、舞台等公共建筑及高级浴室等。

5. 剑麻地毯

剑麻地毯系采用植物纤维剑麻为原料，经纺纱、编织、涂胶、硫化等工序而制成。产品分为素色和染色两类，有斜纹、罗纹、鱼骨纹、帆布平纹、半巴拿马纹、多米诺纹等多种花色品种，幅宽在 4 m 以下，每卷长在 50 m 以下，可按需要进行裁切。

剑麻地毯具有耐酸、耐碱、耐磨、尺寸稳定、无静电现象等优点，比羊毛地毯经济实用；但其弹性较其他类型的地毯差，手感也比较粗糙。主要适用于楼堂馆所等公共建筑地面及家庭地面的铺设。

6. 橡胶地毯

橡胶地毯是以天然橡胶为原料，用地毯模具在蒸压条件下压制而成的一种高分子材料地毯，所形成的橡胶绒长度一般为 5 ～ 6 mm。这种地毯除具有其他材质地毯的一般特性，如色彩丰富、图案美观、脚感舒适、耐磨性好等外，还具有隔潮、防霉、防滑、耐蚀、防蛀、绝缘及清扫方便等优点。橡胶地毯的供货式样一般是方块形，常见的规格有 500 mm × 500 mm、1000 mm × 1000 mm 等。这种地毯主要适用于各种经常淋水或需要经常擦洗的场合，如浴室、厨房、走廊、厕所、门厅等。

（二）按编织工艺不同分类

按编织工艺的不同，可分为手工编织地毯、簇绒地毯和无纺地毯三类。

1. 手工编织地毯

手工编织地毯一般专指纯毛地毯，是采用双经双纬，通过人工打结裁绒，将绒毛层与基底一起织做而成的。这种地毯做工精细，图案千变万化，是地毯中的高档品。我国的手工地毯有悠久的历史，早在两千多年前就开始生产，自早年出口国外至今，"中国地毯"一直以艺精工细闻名于世，是国际市场上的畅销产品。但这种地毯工效低、产量少、成本高、价格较贵。

2. 簇绒地毯

簇绒地毯又称为裁绒地毯，其工艺是目前各国生产化纤地毯的主要工艺，这种地毯也是目前生产量最大的一种地毯。它是通过带有一排往复式穿针的纺织机，把毛纺纱穿入第一层基层（初级背衬织布），在其面上将毛纺纱穿插成毛圈并在背面拉紧，然后在初级背衬的背面刷一层胶粘剂使之固定，这样就生产出厚实的圈绒地毯。若再用锋利的刀片横向切割毛圈顶部，并经过修剪整理，则称为平绒地毯，又称为割绒地毯或切绒地毯。

3. 无纺地毯

无纺地毯是指无经纬编织的短毛地毯，其工艺是生产化纤地毯的方法之一，它是将绒毛线用特殊的钩针扎刺在用合成纤维做成的网布底衬上，然后在其背面涂上胶层使之粘牢，因此，无纺地毯又有针刺地毯、针扎地毯或黏合地毯之称。

无纺地毯生产工艺简单、生产效率较高，因而成本低、价格低廉，是近些年出现的一种普及型、低价格地毯，其价格为簇绒地毯的 $1/4 \sim 1/3$。但其弹性、装饰性和耐久性较差。为提高其强度和弹性，可在毯底加缝或加贴一层麻布底衬，或再加贴一层海绵底衬。近年来，我国还研发并生产了一种纯毛无纺地毯，它是不用纺织或编织方法而制成的纯毛地毯。

二、地毯、地毯衬垫及地毯胶粘剂中的有害物质

地毯是一种有着悠久历史的室内装饰品。据我国《周礼》记载，早在战国时代，人们就已开始使用地毯。传统的地毯是以动物

毛为原材料，用手工编织而成的，这种地毯较为昂贵，通常用于高级宾馆、贵宾室等公共场所。目前常用的地毯是以化学纤维为原料编织而成的。用于编织地毯的化学纤维有锦纶、涤纶、丙纶、腈纶及黏胶纤维等。地毯在使用时，会对室内空气造成不良的影响。

（一）释放有害气体和滋生有害物质

测试结果表明，化纤地毯可向空气中释放甲醛及其他一些有机化学物质，如丙烯腈、丙烯等。地毯的另外一种危害是其吸附能力很强，能吸附许多有害气体（如甲醛）、灰尘及病原微生物等，尤其纯毛地毯是尘螨的理想滋生地和隐藏场所。

（二）地毯的毛绒可引起皮肤过敏

纯毛地毯的细毛绒是一种致敏源，在使用过程中，由于不时摩擦，细毛绒受到一定程度的破坏，释放出的细毛绒可引起皮肤过敏，甚至引起哮喘等疾病。

（三）背衬材料可挥发大量污染物

地毯的背衬材料是采用胶结力很强的丁苯胶乳、天然胶乳等水溶性橡胶作为胶粘剂黏合而成的。这些合成胶粘剂会对周围空气造成严重污染。在使用过程中，胶粘剂会挥发出大量的有机污染物，主要有酚、甲酚、甲醛、乙醛、苯乙烯、甲苯、乙苯、丙酮、二异氰酸盐、乙烯醋酸酯、环氧氯丙烷等，其中以苯及苯系物污染为主。

第八节　混凝土外加剂

根据现行国家标准《混凝土外加剂术语》（GB/T 8075—2017）的规定，在混凝土中，除胶凝材料、骨料、水和纤维组分以外，在

混凝土拌制之前或拌制过程中加入的，用以改善新拌混凝土和
（或）硬化混凝土性能，对人、生物及环境安全无害的材料，称为
混凝土外加剂。混凝土外加剂的应用是混凝土技术的重大突破，外
加剂的掺量虽然很少，却能显著改善混凝土的某些性能。

一、混凝土外加剂的用途和分类

混凝土外加剂按其主要使用功能分为以下四种：

（1）改善混凝土拌合物流变性能的外加剂，如各种减水剂和泵
送剂等。

（2）调节混凝土凝结时间、硬化过程的外加剂，如缓凝剂、早
强剂、促凝剂和速凝剂等。

（3）改善混凝土耐久性的外加剂，如引气剂、防水剂和阻锈
剂等。

（4）改善混凝土其他性能的外加剂，如膨胀剂、防冻剂和着色
剂等。

二、混凝土外加剂中的主要有害物质

由于混凝土防冻剂产品的研制和应用，在寒冷气候下混凝土的
制备、浇筑、养护等取得显著成效，原来在低温条件下混凝土施工
必须暂停的局面得到改善，给建筑业创造了可观的经济效益和社会
效益。早期用于混凝土的防冻剂多以氯化钠为主，在认识到氯离子
对钢筋的锈蚀作用后，改以尿素作为混凝土防冻剂的有效成分。尿
素在混凝土中发生水解，生成氨气（NH_3）和二氧化碳（CO_2），
氨气的挥发造成了建筑物室内的氨污染。

第九节　天然石材

天然石材是一种有悠久历史的建筑装饰材料，不仅具有较高的强度、硬度、耐久性、耐磨性等优良性能，而且经过表面处理后可获得优良的装饰性，对建筑物起着保护和装饰的双重作用。我国建筑装饰用的饰面石材资源非常丰富，其中常用的为大理石和花岗石，其花色繁多、品种齐全、质地优良，大理石有 300 多个品种，花岗石有 100 多个品种。

一、天然大理石

天然大理石是一种变质岩，是由石灰岩、白云岩、方解石、蛇纹石等在高温高压作用下变质生成，其结晶主要是由方解石和白云石组成。其成分以碳酸钙为主，占 50% 以上，另外还含有碳酸镁、氧化钙、氧化镁及氧化硅等成分。

（一）天然大理石的特点

天然大理石结构致密，抗压强度高，吸水率较小，硬度虽然不大，但有良好的耐磨性（磨耗量很小），耐久性较好（使用年限长达 30～80 年甚至以上），变形非常小，表面易于清洁，装饰性非常好（色泽鲜艳、纹理自然），质感优良（光洁细腻、如脂似玉），花色品种多。浅色大理石的装饰效果华丽而清雅，深色大理石的装饰效果庄重而高贵。

大理石的颜色与其组成成分有关，白色大理石含碳酸钙和碳酸镁，紫色的含锰，黄色的含铬化物，红褐色、紫红色、棕黄色的含锰及氧化铁水化物。许多大理石是由多种化学成分混杂而成，因

71

此，大理石的颜色变化多端，纹理错综复杂，深浅不一，光泽度差异很大。质地纯正的大理石为白色，我国称之为汉白玉，是大理石中的珍品。大理石因含矿物种类不同而具有不同的色彩和花纹，磨光后非常美观，是室内高级装饰材料，也可供艺术雕刻之用。由于多数大理石的主要化学成分为碳酸钙或碳酸镁等碱性物质，易被酸类侵蚀，因此，除个别品种（如汉白玉、艾叶青等）外，一般不宜用于室外装修。

（二）天然大理石的用途

天然大理石可制成高级装饰工程的饰面板，用于宾馆、展览馆、影剧院、商场、图书馆、机场、车站等公共建筑工程的室内墙面、柱面、栏杆、地面、窗台板、服务台的饰面等，是非常理想的室内高级装饰材料。此外，还可以用于制作大理石壁画、工艺品、生活用品等。

用大理石的边角碎料做成碎拼大理石墙面或地面，格调优雅，乱中有序，别具风格。大理石边角碎料可加工成规则的正方形、长方形，也可不经锯割而呈不规则的形状。碎拼大理石可用来点缀高级建筑的庭院、走廊等部位，为建筑物增添色彩。

二、天然花岗石

花岗岩主要由石英、长石、少量云母和暗色矿物（橄榄石类、辉石类、角闪石及黑云母）等组成，其成分以二氧化硅为主，占 $65\% \sim 75\%$。花岗岩为全晶质结构的岩石，其岩质坚硬密实。花岗岩矿体开采出来的块状石料称为花岗岩荒料，天然花岗岩板材由花岗岩荒料经过锯切、加工、研磨、抛光后成为不同规格的装饰板材。

现行国家标准《天然花岗石建筑板材》（GB/T 18601—2009）规定，天然花岗石建筑板材按形状可分为毛光板、普型板、圆弧板和异型板；按表面加工程度可分为镜面板、细面板和粗面板；按用途可分装饰板材、结构承重板材和特殊用途板材；按外观质量等可分为优等品（A）、一等品（B）和合格品（C）。

目前，建筑工程使用的天然石材板材，除以上介绍的天然大理石建筑板材和天然花岗石建筑板材外，还有天然砂岩建筑板材和天然石灰石建筑板材。

三、天然石材中的主要有害物质

根据现行国家标准《建筑材料放射性核素限量》（GB 6566—2010）的规定，天然石材放射性核素对人体的危害有体内辐射与体外辐射之分。大量试验结果表明，建筑装修装饰材料中的放射性污染主要是氡的污染，氡是国家目前室内环境标准中的主要控制污染物之一。

体内辐射主要来自放射性辐射在空气中的衰变，是核物质放射出电离辐射后，以食物、水、大气为媒介，摄入人体后自发衰变，形成的一种放射性物质氡及其子体，它被吸入肺中，对人的呼吸系统造成损害。

体外辐射主要是指天然石材中的放射性核素在衰变过程中，放射出电离辐射 α 射线、β 射线、γ 射线，直接照射人体，然后在人体内产生一种生物效应，对人体内的造血器官、神经系统、生殖系统和消化系统造成损伤。

第十节　室内纺织品

纺织品是在织机上由相互垂直的两个系统的纱线，按照一定的规律交织而成，也就是经纬线按照一定的规律相互沉浮，使织物表面形成一定的纹路和花纹的织物组织。用物理和化学方法对纺织制品的质量与性能，依照相关的标准进行定性或定量的检验测试，并做出检测报告，称为纺织品检测。

一、纺织品的分类

（一）按生产方式分类

按生产方式的不同，纺织品可分为线类、带类、绳类、机织物、针织物和无纺布等六类。

（1）线类纺织品。纺织纤维经纺纱加工而成纱，两根以上的纱捻而成线。

（2）带类纺织品。窄幅和管状织物称为带类纺织品。

（3）绳类纺织品。由多股线捻合而成的织物，称为绳类纺织品。

（4）机织物纺织品。采用经纬相交织造而成的织物，称为机织物。

（5）针织物纺织品。由纱线成圈相互串套而成的织物和直接成型的衣着用品，称为针织物。

（6）无纺布纺织品。不经传统的纺织工艺，而是由纤维辅网加工处理而成的薄片纺织品，称为无纺布。

（二）按所使用的原材料分类

按所使用原材料的不同，纺织品可分为天然纤维、化学纤维和混合纤维三类。

（1）天然纤维。天然纤维是从自然界原有的或经人工培植的植物上、人工饲养的动物上直接取得的纺织纤维，是纺织工业的重要材料。天然纤维是自然界生长或形成的纤维的总称，按来源可分为植物纤维、动物纤维、矿物纤维。

（2）化学纤维。化学纤维是以天然的或人工合成的高分子物质为原料，经过化学或物理方法加工而制得的纤维的统称。按所用高分子化合物来源的不同，又可分为以天然高分子物质为原料的人造纤维和以合成高分子物质为原料的合成纤维。

（3）混合纤维。混合纤维是指化学纤维与其他棉、毛、丝、麻等天然纤维按一定比例混合制成的纤维材料，如涤毛华达呢、涤棉布等。

（三）按与人体皮肤接触情况分类

按照与人体皮肤接触情况的不同，纺织品可分为婴幼儿用品类纺织品、直接接触类纺织品和非直接接触类纺织品。

（1）婴幼儿用品类纺织品，是指适合年龄在 24 个月以内的婴幼儿使用的纺织品。

（2）直接接触类纺织品，是指在穿着和使用时，产品的大部分面积直接与人体皮肤接触的纺织品。

（3）非直接接触类纺织品，是指在穿着和使用时，产品不直接与人体皮肤接触，或仅有小部分面积直接与人体皮肤接触的纺织品。

二、室内纺织品中的主要有害物质

虽然在同一产品中可以同时检测出不同的有毒有害物质，但这些物质并不是单独在某一过程或工序中产生的，而是全部过程的残留积累。如棉制品中的农药残留，是因为在棉花生长过程中需要喷洒杀虫剂和除草剂等，这些农药残留在棉花中。为提高纱线的可织造性，在进行上浆的浆料中，往往要加入甲醛、苯酚或聚乙烯醇等防腐材料。在退浆煮练过程中，要使用氢氧化钠，此时会引起织物 pH 的变化。印染中要使用大量的合成染料和助剂，虽然偶氮染料本身对人体没有致癌的危害作用，但与人体皮肤接触后会发生还原反应，裂解成具有致癌作用的芳香胺，尤其是在涤纶采用载体染色时，所使用的氯代有机载体、氯代苯酚和多氯联苯都有致癌作用，而且染色废液中残留的氯代有机物对环境也有污染。在其后整理过程中，为使织物获得柔软、挺括、抗静电、阻燃、抗菌等性能，加工过程中需要添加柔软剂、阻燃剂、甲醛、涂层剂、抗微生物剂等整理剂，其中甲醛已被公认为有致癌作用，经常被用作阻燃剂和抗静电剂的多氯联苯当与人体接触时会导致器官致畸或致癌。色牢度的好与差，也直接关系人体的健康安全，色牢度差的产品遇到雨水、汗水，都会造成颜料脱落褪色，其中的染料分子和重金属离子等可能通过皮肤被人体吸收从而危害人体健康，加之人的汗水和唾液会把染料还原成有害物质，人体皮肤吸收后可致癌。

国家纺织品服装产品质量监督检验中心的工程师张鹏指出："23种可致癌芳香胺中联苯胺的致癌毒性是最强的。"联苯胺不仅可导致膀胱癌、输尿管癌、肾盂癌，而且其潜伏期可以长达20年。大量医学调查结果表明，经常接触联苯胺的人，膀胱癌的发病率是正常人群发病率的28倍。

第十一节　实木家具

家具是人类生活、工作中不可缺少的用品，也是室内装修重要的组成部分，是集实用性与艺术性于一体的家居用品。出色的家具不仅适宜人居使用，而且能够像雕塑艺术品一样散发独特的魅力，成为现代家庭生活中提升家居空间文化品位的一种重要用品。

一、实木板的分类

（一）纯实木板

纯实木板就是采用完整的木材（原木）制成的木板材。纯实木板一般按照板材实质（原木材质）名称分类，没有统一的标准规格。纯实木板板材坚固耐用、纹路自然，大多具有天然木材特有的芳香，具有较好的吸湿性和透气性，有益人体健康，不造成环境污染，是制作高档家具、装修房屋的优质板材。一些特殊材质（如榉木）的实木板还是制造枪托、精密仪表的理想材料。

（二）指接板

指接板由多块木板拼接而成，上下不再粘压夹板，由于竖向木板间采用锯齿状接口，类似两手手指交叉对接，故称为指接板。指接板改进和增强了木材的强度和外观质量，是用于家具、橱柜、衣柜等的优等材料。

指接板与木工板的用途一样，只是指接板在生产过程中用胶量比木工板少得多，所以是较木工板更为环保的一种板材，已有越来越多的人选用指接板来替代木工板。指接板的常见厚度有 12 mm、14 mm、16 mm、20 mm 四种，最厚可达 36 mm。

（三）实木复合地板

实木复合地板是由不同树种的板材交错层压而成，干缩湿胀率小，具有较好的尺寸稳定性，在一定程度上克服了纯实木地板干缩湿胀的缺点，并保留了纯实木地板的自然木纹和舒适的脚感。实木复合地板可分为多层实木地板和三层实木地板。

二、实木家具的分类

家具按发展时代可分为南北朝时期家具、隋唐时期家具、明朝时期家具、清朝时期家具等，按发展风格可分为哥特风格、文艺复兴风格、洛可可风格和后现代主义风格等。目前，我国市场上的家具风格多种多样，均体现出设计师所倡导的理念，引导着消费潮流。按当代设计潮流分类，市场上流行的实木家具主要有古典家具、红木家具和板式家具（仿实木家具）等。

（一）古典家具和红木家具

我国古典家具的典型代表是明代家具和清代家具，这两个时代的家具代表了我国古典家具成就的高峰。明代家具和清代家具造型优美、比例恰当、古朴典雅，表达了浓厚的中国古典风格。选材上多用红木、檀木等硬木，讲求木材的自然纹理和色泽美，注重线脚雕饰；结构上讲求受力科学、整体牢固、形状稳重，可以传世。

现在市场上常见的红木家具，一般是指明、清代的古典家具。常见的红木家具的款式有苏式、广式、海式、京式、法式和中西结合式。依据国家标准，红木的规模确定为五属八类。五属是以树木学的属来命名的，即紫檀属、黄檀属、柿属、崖豆属和铁刀木属；八类则是以木材的商品名来命名的，即花梨木类、鸡翅木类、紫檀木类、香枝木类、红酸枝木类、黑酸枝木类、乌木类和条纹乌木类。

目前，我国红木家具市场比较混乱，以假乱真、以次充好现象比较普遍。为了整顿红木家具市场，确保红木家具的质量，国家颁布了标准《红木制品等级》（SB/T 10759—2012），这是评价红木品质的国家级标准。该标准按照树种、心边材、材质、含水率、产品要求、设计及工艺等，将红木制品分为特级（A类）、一级（B类）、二级（C类）、不合格级（D类），并有红木制品等级证书。

（二）板式家具（仿实木家具）

板式家具是指由中密度纤维板或刨花板进行表面贴面等工艺制成的家具。板式家具中有很大一部分是木纹仿真家具。目前市场上出售的一些板式家具贴面越来越逼真，光泽度、手感等都不错。工艺精细且板材和五金配件较好的产品价格也比较高。

板式家具是借鉴了国外可拆卸式家具的优点而生产的，由于这种家具组装方式灵活、搬运方便、款式更新快、制作成本较低，所以受到许多人的喜爱。板式家具有现代休闲式的风格，配合沙发、玻璃茶几和铁花装饰，能够营造出一种浪漫、轻松的气氛。

三、实木家具中的主要有害物质

随着材料科学的快速发展，制造木家具的材料品种越来越多。其中板式家具由于具有外观漂亮、重量较轻、价格便宜、组装方便等优点，被广泛应用于家具制作中。板式家具在生产过程中，需要加入胶粘剂进行黏结，家具的表面还要根据需要涂刷各种油漆，这些胶粘剂和油漆中含有大量有害的挥发性有机物。

在制作和使用这些家具时，有些挥发性有机物就会不断地释放到室内空气中。许多实测和调查资料都证明，在布置了新家具的房间中可以检测出较高浓度的甲醛、苯等几十种有毒化学物质。居住者长期吸入这些物质后，呼吸系统、神经系统和血液循环系统会遭受损伤。这些木家具产品中产生甲醛等挥发性有机物的主要原因如下：

（1）人造板在生产过程中需要使用大量的胶粘剂，它们在制造和使用过程中不断地释放甲醛。

（2）板材表面需要涂刷油漆，若使用的是混油，则不断地释放大量的挥发性有机物。

（3）实木家具产品在制造过程中，厂家未按标准要求对人造板部件进行封边处理，使部件的端面大量散发游离甲醛。

（4）实木家具在进行防腐处理或者定型处理时使用防腐剂，如果表面封闭不完全，甚至不进行封闭，就会不断释放有害气体。

第 三 章

室内空气净化技术

随着人们生活水平的不断提高，人们对健康越来越重视，对空气质量的要求也不断提高。传统的空气对流已经满足不了人们对现代生活的需求，家庭室内空气净化逐渐引起关注，相应的室内空气净化技术应运而生。

第一节　室内空气净化概述

在经历了18世纪工业革命带来的"煤烟型污染"和19世纪石油和汽车工业带来的"光化学烟雾污染"之后，现代人正经历以"室内环境污染"为标志的第三污染时期。检测分析证明，室内污染物可能有数千种之多，室内污染也被称为现代城市的特殊灾害，国际上已经把室内空气污染列为对公众健康危害最大的环境因素，室内空气污染已被列为包括高血压、胆固醇过高、肥胖症等在内的人类健康十大威胁之一。

中国的环境污染水平已经超过了警戒线，尤其是空气、水、灰尘、辐射和有毒物质时刻侵害着人们的健康；室内环境的污染更为严重，据中国消费者协会统计，近年来，消费者投诉重点已经从质量投诉逐步转向室内环境污染投诉。国家卫生、建设和环保部门进行过一次室内装饰材料抽查，结果发现，具有毒气的装饰材料占68%，这些装饰材料会挥发出300多种有机化合物，如甲醛、三氯乙烯、苯、二甲苯等，容易引发各种疾病。建筑物自身也可能成为室内空气的污染源。另有一种室内空气污染的隐患——空调，它在现代生活中日益普及。人体和空调机在室内形成一个封闭的循环系统，极容易使细菌、病毒、霉菌等微生物大量繁殖。

中国环境科学学会室内环境与健康分会专家表示，室内污染已经成为人们家居健康生活的重要威胁，传统的清除方式并不能保证实现健康的室内空气环境。多年的实践探索证明，在改善室内空气环境污染方面，如果科学地利用机械方法、物理方法、化学方法和生物方法对空气中的污染物进行清除，就可以获得良好的效果，大大提高室内空气的品质。

第二节　室内空气净化技术分类

室内空气污染源是影响室内空气品质能否达到"感受到的可接受的室内空气品质"的主要因素，也是室内产生异味的根源。室内恶劣的空气会给人类的健康带来严重危害，这是已引起世界各国高度重视的问题，寻找室内空气净化技术、改善室内空气品质是一个重要课题。

空气净化技术是指从空气中分离和去除一种或多种污染物的技术。应用空气净化技术，一方面可以有效地改善室内空气质量，创造健康舒适的室内环境，另一方面也是节约建筑能耗的有效途径。目前，室内空气污染物的净化方法有很多，根据其原理的不同，可分为通风净化、过滤净化、吸附净化、催化净化、紫外线净化、臭氧净化、二氧化氯净化、非平衡等离子体净化、负离子净化、生物酶净化、纳米光催化净化、植物净化、化学净化等。

一、通风净化

现代社会，室内装修日益普遍，导致室内空气污染日趋严重。随着互联网的普及，人们在室内生活、工作的时间越来越多。世界性的能源不足、地球环境气候的变化、空调的普遍使用、建筑结构高密封性能等，使室内空气污染不断加剧。

更多新的建筑材料的推广应用，使由装修而引入的化学污染物成分越来越复杂。在这种情况下，如果自然通风换气不够，将会导致长期工作和生活在该种环境下的人们出现不适感，最多的症状是头痛、胸闷、易疲劳、烦躁、皮肤发生过敏反应等。

实践充分证明，开窗通风或安装通风换气机，是最简单且经济有效的清除室内污染物的方法，在室外空气良好的时候打开窗户通风，有利于室内有害气体的散发和排出。建筑工程的设计者应当考虑改进空调等热湿处理设备，增加生物化学处理能力，提高净化过滤性能，配备监控手段和计算机调控等，为室内提供足够的新风量。在室内装修结束初期，污染物释放量最大，要特别注意及时开窗通风，使室内外空气充分交流，让有害物质散发到室外空气中，降低室内空气中的污染物浓度。

通风就是室内外空气互换，用室外新鲜空气来稀释室内空气污染物，使其浓度降低，从而改善室内空气质量。互换速率越高，降低室内产生的污染物的效果就越好，但有时也会把室外的污染物换入室内。

一般依据污染物发生源的大小、污染物种类及其量的多少决定通风方式和通风量。在一般家庭居室内，每人每小时需要新风量约为 30 m^3。

通风方式依据所借助外力的不同，可分为自然通风、机械通风、置换通风。依据通风换气涉及范围的不同，可分为局部通风、全面通风。

（一）自然通风

自然通风是指在风压和热压作用下的空气运动。自然通风适用于气候温和地区，目的是降低室内温度或引起空气流动，改善人的舒适性。

（二）机械通风

机械通风是指依靠风机提供的风压、风量，通过管道和送、排风口系统，有效地将室外新鲜空气或经过处理的空气送到建筑物的任何工作场所；也可以将建筑物内受到污染的空气及时排至室外，或者送至净化装置，处理合格后再予排放。

（三）置换通风

置换通风是在房间下部以低速送风，气流以类似层流的活塞流的状态缓慢向上移动，到达一定高度时，受热源和顶板的影响，发生紊流现象，产生紊流区。气流产生热力分层现象，出现两个区域：下部单向流动区和上部混合区。空气温度场和浓度场在这两个区域有非常明显的不同特性，下部单向流动区存在一明显垂直的温度梯度和浓度梯度，而上部紊流混合区温度场和浓度场则比较均匀，接近排风的温度和污染物浓度。

置换通风是 20 世纪 70 年代初期从北欧发展起来的一种通风方式。当时由"病态"建筑、"密闭"建筑等导致的室内空气质量问题引起了人们的极大关注。

与传统的通风方式相比较，置换通风可使室内工作区得到较高的空气品质、较高的热舒适性并具有较高的通风效率。20 世纪 80 年代，置换通风首先被引入办公楼等的舒适性空调系统，主要用于解决香烟、二氧化碳、高温等引起的污染。

（四）局部通风

局部通风可分为局部排风和局部送风。局部通风是在产生污染物的局部区域将污染物捕集起来，经处理后排至室外。在排风系统中，以局部排风最为经济有效，在污染源比较固定的情况下应该优先考虑。局部送风是将干净的空气直接送到室内人员所在的位置，改善每位工作人员周围的局部环境，使其达到标准的要求，而并非使整个空间环境达到该标准。局部送风适用于房间面积和高度皆很大，而且人员分布不密集的场合。

（五）全面通风

全面通风又称为稀释通风，即对整个控制空间进行通风换气，使室内污染物浓度低于容许的最高浓度。由于全面通风的风量与设备体积较大，因此只有当局部通风不适用时，才考虑全面通风。

二、过滤净化

室内空气的过滤净化是指采用过滤材料在空气循环系统中的截留效应、惯性效应、重力作用、扩散效应、静电效应等，捕集空气中的悬浮颗粒物或更小的微粒、微小纤维。这是提升室内空气品质的一种物理净化方式。

（一）空气过滤器的性能与分类

在对室内进行空气净化的过程中，在空调系统安装空气过滤器是消除室内空气中污染物的重要技术手段之一，因此，空气过滤器是保证室内空气净化效果的关键设备，它性能的优劣直接影响室内空气的净化效果和洁净度等级。随着材料科学的高速发展，传统的机械过滤净化方式得到长足发展，产品的过滤选择性、净化效率得到提升，促进了空气净化器在室内环境净化中的应用，现在已从单纯的机械过滤净化法向多种功能过滤和净化多种污染物的方向发展，在对室内空气中粉尘、颗粒物进行过滤的同时，还能高效去除空气中的其他污染物。

1. 空气过滤器的性能

根据国家标准《一般通风用空气过滤器性能试验方法》（JG/T 22—1999）和《空气过滤器》（GB/T 14295—2019）的规定，根据空气过滤器性能的不同，对空气过滤器作了分类（表3-1）。

表 3-1　我国空气过滤器按性能分类

类别	额定风量下的效率 E/%		额定风量下的初阻力/Pa
粗效 1	标准试验尘计重效率	50 > E ≥ 20	≤50
粗效 2		E ≥ 50	
粗效 3	计数效率（粒径≥2.0 μm）	50 > E ≥ 10	
粗效 4		E ≥ 50	
中效 1	计数效率（粒径≥0.5 μm）	40 > E ≥ 20	≤80
中效 2		60 > E ≥ 40	
中效 3		70 > E ≥ 60	
高中效		95 > E ≥ 70	≤100
亚高效		99.9 > E ≥ 95	≤120

　　测试结果表明，过滤器的净化效率主要取决于过滤材料的性能。选择过滤材料的基本要求是：净化效率高、抗菌性能好、无二次污染、使用寿命长、容尘量较大、过滤阻力小、经济性良好。按照所选过滤材料的不同，可分为粗效过滤、中效过滤、高效过滤。目前工业废气治理中广泛应用的为高效过滤材料，如微孔滤膜、多孔陶瓷、多孔玻璃、合成纤维等，多数也可用于室内空气净化处理。在室内气体过滤中，过滤材料的选择是关键。

2. 空气过滤器的分类

　　按照结构不同，空气过滤器可分为板式空气过滤器、袋式空气过滤器、折褶式空气过滤器、卷绕式空气过滤器。

　　（1）板式空气过滤器。板式空气过滤器最突出的特点是滤料面积大、阻力小。滤料装于薄钢板制成的框体内，且垂直于主气流的方向，其过滤速度等于风速。框架采用铝合金或优质木板，具有重量较轻、结构简单、更换方便等优点，其进出风面均有金属网保护层。其中，无隔板过滤器具有滤料选择面广、有效面积大、阻力较低、寿命较长、体积较小、结构紧凑等特点。国家标准《民用建筑采暖通风与空气调节设计规范》（GB 50736—2012）的颁布，对各类场合下环境空气污染物提出了限值要求，无隔板过滤器将会得到更加广泛的应用。

目前，高效空气过滤器（high efficiency particulate air filter, HEPA）网是一种国际公认的最好的高效滤材。最初，HEPA 网应用于核能研究防护，现在大量应用于精密实验室、医药生产、原子研究和外科手术等需要高洁净度的场所。HEPA 网由非常细小的有机纤维交织而成，对微粒的捕捉能力较强，孔径微小，吸附容量大，净化效率高，并具备吸水性，对 0.3 μm 粒子的净化率为99.97%。也就是说，每 1 万个粒子中，只有 3 个粒子能够穿透 HEPA 网膜，可见，它过滤颗粒物的效果是非常明显的。如果用它过滤香烟烟雾，那么过滤的效果几乎可以达到100%，因为香烟烟雾中的颗粒物大小介于 0.5 ~ 2.0 μm 之间，无法通过 HEPA 网膜。HEPA 网分为 PP 滤纸、玻璃纤维、复合 PP-PET 滤纸、熔喷涤纶无纺布和熔喷玻璃纤维五种材质。HEPA 网的特点是风阻小，容尘量大，过滤精度高，可以根据客户需要加工成各种尺寸和形状，以适合不同的机型使用。

HEPA 网的滤净效能与其表面积成正比。空气净化器的 HEPA 网呈多层折叠，展开后的面积比折叠的面积增加约 14.5 倍，滤净效能十分出众。

（2）袋式空气过滤器。袋式空气过滤器是一种新型的过滤系统，过滤器内部由金属网支撑着滤袋。空气由入口流进，经滤袋过滤后流出，杂质则被拦截在过滤袋中，滤袋更换后可继续使用。袋式空气过滤器主要包括顶入式开模袋式过滤器、侧入袋式过滤器、大流量多袋式过滤器、不锈钢过滤器和塑胶袋式过滤器，还包括夹层保温袋式过滤器、碳钢袋式过滤器、衬氟防腐袋式过滤器、快开型袋式过滤器等。

袋式空气过滤器一端是全封闭的，与之相对的另一端用顶部平板或框架密封，这样能增加有效过滤面积，减少过滤风速和压力的损失。框架采用镀锌钢板，结构简单，过滤面积大，密封性可靠，滤袋更换方便，可重复清洗使用。

袋式空气过滤器的缺点是：要求控制烟气的温度在滤袋所能承受的范围内，以防止超高温或酸结露损伤滤袋和防止水结露糊袋；袋式空气过滤器本体阻力较电除尘器大，一般为 1000 ～ 1500 Pa，最大为 2000 Pa；滤料寿命一般为 1 ～ 3 年，每隔数年就需更换滤袋。

（3）折褶式空气过滤器。折褶式空气过滤器的滤料采用人字形或平面结构。这种结构有利于增加气流与滤料的接触面积，以增加有效过滤面积和降低过滤风速。滤料装在两排圆钢支撑体内，这两排钢支撑体组成间隔，使间隔牢固不变。外框采用铝合金或镀锌钢板金属材料，可用来支撑滤料。

折褶式空气过滤器具有有效过滤面积大、允许通过的风量多、结构比较紧凑、强度较高、初始阻力较低、容尘量较高等特点，适合在常温下使用，同时可满足大风量过滤设计的要求。

（4）卷绕式空气过滤器。CHF 系列自动卷绕式空气过滤器亦称为自动卷帘式空气过滤器，是我国工程技术人员经长期研制开发并吸收国内外先进技术，最新推出的一种新型空气过滤设备。自动卷绕式空气过滤器是传统过滤器领域的一个突破，它是把通过过滤器前后的压差转换为传感电信号，并对过滤材料进行自动更换的空气过滤设备。

自动卷绕式空气过滤器是使用滚筒状滤料，并能自动卷绕、清除灰尘的空气过滤器。其滤料之间有一定的间隙，即使在捕集了大量的尘粒后，过滤器气流仍然非常通畅。这种过滤器最大的特点是它的智慧型滤料更换控制系统，通过压差来控制滤料的更换，在滤料进出风面设置压差开关，并设定滤料的终阻力，具有通风除尘能力优良、阻力低、强度高、化学性能稳定、耐一定高温的性能特点。卷绕式空气过滤器的结构形式多呈密度梯度排列组合。

三、吸附净化

吸附净化法是一种物理吸附的方法，即利用固体或液体吸附剂处理气体混合物，使气体混合物中所含的一种或数种组分吸附于吸附剂中，从而达到分离和净化的目的。吸附净化法原来主要用于有机化工、石油化工等生产部门，是气态污染净化的基本手段之一，广泛用于传统的化工尾气处理、冶炼与燃烧烟气净化等方面。吸附净化法净化效率较高、设备简单、操作方便，在室内环境污染净化领域，人们利用各种吸附性材料，可以有效去除室内空气中低浓度的甲醛、苯系物、硫化氢、二氧化硫、氡气及其他挥发性有机化合物等气态污染物。

（一）纤维类材料

纤维类材料可通过拦截效应、惯性碰撞、扩散效应、重力效应和静电效应等对空气中的颗粒物及附着在颗粒物上的细菌和病毒等微生物进行过滤。主要包括以下四类：

（1）易于清洗和更换的金属丝网、粗孔纺布、泡沫塑料等，可过滤粒径为 5 μm 的微粒。

（2）中细孔泡沫塑料、复合无纺布、玻璃纤维等，可过滤粒径为 1 μm 的微粒。

（3）玻璃纤维滤纸、棉短纤维滤纸等，可过滤粒径为 0.5 μm 的微粒。

（4）超细玻璃纤维纸、合成纤维纸和石棉纤维纸等，可过滤粒径为 0.3 μm 的微粒。

（二）活性炭及类似材料

活性炭吸附技术是气体污染物净化常用的技术之一，目前常用的吸附材料主要包括活性炭、竹炭、活性炭纤维材料及其衍生材料

（如碳纳米管、石墨烯等）。

1. 活性炭

活性炭是常见的吸附材料之一，在工业及日常领域均有极为广泛的应用。活性炭是以含碳为主的物质作原料，经高温炭化和活化制得的疏水性吸附剂。活性炭含有大量微孔，具有巨大的比表面积，能有效地祛除臭味、空气中大多数有机污染物和某些无机物，包括某些有毒的重金属。

活性炭的主要原料几乎可以是所有富含碳的有机材料，如煤、木材、椰壳和核桃类的坚实果壳、果核等，它们经过高温炭化，并通过物理和化学方法，采用活化、酸化、漂洗等一系列工艺可制成黑色、无毒、无味的活性炭。其比表面积一般在 $500 \sim 1700 \ m^2/g$ 之间，高度发达的孔隙结构——毛细管构成一个强大的吸附力场。当气体污染物碰到毛细管时，活性炭孔周围强大的吸附力场会立即将气体分子吸入孔内，达到净化空气的作用。

2. 竹炭

竹炭是以 3 年生以上高山毛竹为原料，经近千摄氏度高温烧制而成的。竹炭具有多孔结构，其分子细密多孔，其质地坚硬，有很强的吸附能力，能净化空气、消除异味、吸湿防霉、抑菌驱虫。与人体接触能去湿吸汗，促进人体血液循环和新陈代谢，缓解疲劳。经科学提炼加工而成的产品已广泛应用于日常生活中。

竹炭分子结构呈六角形。由于炭质本身有着无数的孔隙，这种炭质气孔能有效地吸附空气中的一部分浮游物质，对硫化物、氢化物、甲醛、苯、酚等有害化学物质起到吸附、消臭作用。竹炭细密多孔、比表面积大，若周围环境湿度大，则可吸收水分；若周围环境干燥，则可释放水分。

3. 活性炭纤维材料

活性炭纤维是经过活化的含碳纤维。将某种含碳纤维（如酚醛基纤维、PAN 基纤维、胶基纤维、沥青基纤维等）经过高温活化（不同的活化方法，其活化温度不一样），使其表面产生纳米级的孔径，增加其比表面积，从而改变其物化特性。与活性炭的结构不同，活性炭纤维含有的大量微孔直接开口于纤维表面，吸附质到达吸附位的扩散路径比活性炭短，且具有较大的比表面积（1000 ～ 3000 m²/g），吸附、脱附速率快，吸附容量大。活性炭纤维是继活性炭之后的新一代吸附材料。

活性炭纤维是 20 世纪 70 年代发展起来的一种新型高效碳吸附剂，它以吸附速度快、吸附容量大、透气性良好、空气阻力小、形态多样等优越性能而得到广泛应用，成为环境功能材料研究的热点，已广泛应用于化工、环保、医药、电子工业、食品卫生等领域。在废气治理、空气净化、废水治理、水质处理、资源再生利用等领域有良好的应用前景，被誉为 21 世纪最先进的环境净化材料之一。

4. 碳纳米纤维

碳纳米管和石墨烯等材料在空气净化应用中因材料成本等原因，一般不会作为吸附滤芯的主材料，而是用于某些特殊目的，例如，一种 PAN 碳纳米纤维 – ZnO_2 – SnO_2 复合材料，可用作类神经毒气 DMMP 的气体传感器。

5. 类似活性炭材料

类似活性炭材料（如活性氧化铝、硅胶和分子筛等）的吸附剂在工业上也有较广泛的应用。例如，γ 型氧化铝一般用作石油化工的吸附剂、催化剂和催化剂载体，大孔硅胶一般用作催化剂载体、消光剂等，而在空气净化领域最常用的仍是以活性炭为主的吸附剂。

（三）矿物基空气净化吸附材料

矿物基空气净化吸附材料是以矿物或深加工产品为构架或主要成分制备的无机复合材料，其作用机制包括抗菌、吸附、降解有害物质、产生负离子等。

1. 矿物基无机抗菌剂

以沸石、坡缕石、海泡石、膨润土、累托石等黏土矿物为载体，通过离子交换、孔道相嵌、稳定固化、组分缓释等工艺，可实现其与抗菌功能金属离子（或簇团）在纳米尺度上的复合，得到矿物基无机抗菌剂。

矿物基无机抗菌剂可与陶瓷釉面砖和内墙涂料等装饰材料进行复合，制的抗菌陶瓷釉面砖和抗菌内墙涂料用于室内铺装和涂刷，以接触的方式杀灭室内空气中的细菌等有害微生物，减少因细菌作用而产生的有害物质，消除污染物，净化室内空气。适用于人居室内、厨房、医院诊室、影剧院和车站等室内环境。

2. 微孔矿物载体抗菌吸附材料

该材料以天然微孔矿物为载体，通过孔道吸附活化、抗菌组分在纳米孔道中组装并稳定固化、表面改性处理等工艺制成，具有无机抗菌和快速吸附功能，可去除氨、硫化氢、甲醛等有害气体，杀灭致病细菌，起净化空气、清洁、保鲜和保障健康等作用。如纳米矿晶。

纳米矿晶是以海泡石、凹凸棒土、硅藻土等自然界非金属天然矿物质为主要成分的富孔矿物吸附剂，这些矿物质经过合理的配制，形成纳米矿晶空气净化剂产品。其中海泡石和凹凸棒土的纳米晶格可以吸附空气中的甲醛、苯、氨等有毒有害的纳米级小分子极性物质，而硅藻土除了可以吸附微米级的空气杂质，还可以为纳米矿晶提供吸附通道,提高纳米矿晶的吸附效果。纳米矿晶空气净化剂有吸附速度快、针对极性分子、可以循环使用的特点。

纳米矿晶由于具有孔隙多、孔隙大小是纳米级的、孔隙表面带极性等特性,对比相同数目孔隙的其他材料,对纳米级分子大小的极性气体化合物有强效的吸附作用。甲醛、氨、苯、甲苯、二甲苯的分子直径在 $0.40 \sim 0.62$ nm 之间,而且这些化合物都是极性分子,因而是纳米级的极性化合物,可以被纳米矿晶吸附。

纳米矿晶可以用于制作如下产品:汽车除甲醛除异味系列产品,装修除甲醛除异味系列产品,家居除烟味除异味空气净化产品,浴室、厕所除臭产品,冰箱、冰柜除臭产品,空气净化设备吸附滤网,以及工业空气净化设备中的化学过滤器,等等。

3. 硅藻泥类装修装饰材料

硅藻泥是一种由天然硅藻土或加工后的硅藻土、无机胶凝材料及无机功能填料、助剂复合配制的环境友好型内墙装修装饰材料。由于其良好的施工性和可塑性,人们习惯称之为硅藻泥。

硅藻泥的吸附作用是通过硅藻土的孔隙来实现的。硅藻土的孔径为 $50 \sim 3000$ nm,孔隙率达 $80\% \sim 90\%$,具有强大的吸附能力,可以吸附水分,并吸附甲醛等有害物质,具有很好的调湿和空气净化作用。

硅藻材料按其形态可分为干粉硅藻泥、水性硅藻泥和硅藻板等。不添加其他净化材料的硅藻泥只具有物理吸附作用,不能分解甲醛等有害物质。

(四) 复合吸附材料

复合吸附材料如吸附 – 光催化材料利用吸附原理将污染物富集到吸附材料表面,然后通过催化技术对污染物进行降解处理。使用这种材料既可避免吸附材料无法降解污染物及需要定期更换的缺点,又可避免光催化技术处理低浓度污染物速率慢的问题。

四、紫外线净化技术

紫外线照射是一种传统和常用的消毒、灭菌方法。对紫外线消毒的研究始于1920年，1936年这种方法开始在医院手术室中采用，1937年首次在学校教室中采用。美国疾病控制与预防中心（CDC）建议，可将紫外线用于军事基地、教室、医疗机构等进行室内空气消毒，防止结核病等的传播。特别是在2003年抗击SARS中，紫外线消毒被证明是一种有效控制室内空气微生物污染的良好方法。

在空调还没有发明之前，人们对于室内空气的要求主要是消毒，没有要求对温度和湿度进行调节。随着科技的进步，人们为了创造更舒适的居住环境，发明了空调，随之而来的空调微生物污染引起人们的关注，人们也开始研究紫外线在空调系统中的应用。紫外线属于广谱杀菌射线，凡受微生物污染的物体表面、水、空气均可应用紫外线消毒，紫外线在消毒、杀菌领域具有广阔的空间。

（一）紫外线消毒杀菌的原理

根据产生生物效应的不同，紫外线辐射可分为四个波段，即A波段、B波段、C波段和V波段。其中A波段（UV-A）也称为黑斑效应紫外线，波长范围为320～400 nm，属低频长波；B波段（UV-B）也称为红斑效应紫外线，波长范围为280～320 nm，属中频长波；C波段（UV-C）也称为消毒紫外线，波长范围为100～280 nm，属高频短波。C波段（UV-C）是短波辐射，研究结果表明，这个波段的紫外线辐射能破坏细菌、微生物的DNA链，破坏细菌体内DNA复制和蛋白质合成，使微生物失活或死亡。V波段（EUV）也称为极紫外线，波长范围为10～100 nm，属超高频波。V波段可以强烈氧化空气中的有机物质而消除异味，但也会产生副产品——臭氧。

微生物的存活量随紫外线照射时间呈指数递减。不同种类微生物对紫外线的抵抗力不同，其中，病毒最弱，细菌次之，霉菌和真菌孢子对紫外线的抵抗力最强。

紫外线主要是由紫外灯产生的。紫外灯是一种气体放电灯，由封存于灯管内的汞蒸气在一定压力下电离释放出紫外线。紫外灯可分为石英玻璃管紫外灯和高硼玻璃管紫外灯两种。按灯管内汞蒸气压力的不同，紫外灯可分为低压低强度紫外灯、低压高强度紫外灯和中压高强度紫外灯三种。

在计算紫外线的杀菌率时，空间辐射场强度的计算是比较复杂的。紫外灯在空间形成的辐射场分布遵守平方反比定律，即距离紫外灯管越远，辐射强度越小。因此，紫外灯的作用范围主要集中在距灯管 $0.5 \sim 1.0$ m 处。考虑到实际中紫外灯长度和直径的影响，不宜直接采用平方反比定律计算空间某点的辐射强度，而常采用辐射角系数法来确定单根紫外灯形成的直接辐射场。此外，壁面对紫外线的反射也会增加空间辐射场的强度。空间某点的总辐射强度应为直接辐射和多次反射辐射之和。由于紫外灯是一种非相干光源，两束紫外线相交时不会产生干涉现象，因此，在进行由多根紫外灯形成的空间辐射场的计算时，辐射强度满足叠加原理。

（二）紫外线消毒、清洁室内空气的应用

紫外线消毒广泛应用于室内空气净化。紫外线消毒主要有空气消毒和表面消毒两种形式。空气消毒又分为静止空气消毒和流动空气消毒。静止空气消毒即在封闭房间内用紫外灯照射消毒，流动空气消毒包括风管内照法、房间上照法和独立消毒法。

1. 风管内照法

风管内照法一般是将紫外灯设置在空调或通风系统的回风管内，以防止微生物、$PM_{2.5}$、PM_{10} 等主要室内空气污染物污染空调送风或通过集中回风形成交叉传播。由于室外新风中的病原微生物含量很少，直径较大的细菌芽孢可以被过滤器有效地阻留下来，所

以新风管道一般不设紫外灯消毒。对于一些特殊的医疗场所（如艾滋病病房），由于患者的免疫力较差，室外新风也必须经过严格消毒方可送入室内。采用风管内照法的最大优点是可有效避免紫外线对人体的辐射。在医院隔离病房等疾病容易传播的场所，使用紫外灯在回风段对空气进行循环消毒，可以大量减少对补给新风标准的要求，降低能耗，提高系统运行的经济性。但是在空调或通风系统的风管内设置紫外灯，其安装、检修和维护等有一定的难度，因此，对空气安全性要求较高的场所，建议风管内照法与其他消毒方法配合使用。

2. 房间上照法

采用房间上照法控制室内微生物污染的研究始于 1900 年，是将紫外灯悬挂在房间上部或固定在墙壁上，灯管下安装具有反射特性的屏蔽材料，使紫外光直接照射房间上部空间，避免照射室内的人员。房间上照法的消毒效果取决于房间下部污染空气与上部消毒后空气的混合程度。但是由于室内洁净空气的不断流动，紫外线的灭菌效果可能很快被破坏。国外药品管理机构药品生产质量管理规范（GMP）对紫外线消毒灭菌效果进行评价后认为，单独使用紫外线消毒的方法不适用于有人活动的空间和有气流流动的空间，并认为紫外线照射可造成装修表面涂料层厚度变薄和灰尘量增多，因此，对紫外线单独灭菌基本持否定态度。世界卫生组织 1992 年版GMP 规定，由于紫外线的灭菌效果有限，不得单独使用紫外线来代替化学消毒，并明确指出最终灭菌不能使用紫外线照射法。

3. 独立消毒法

紫外线独立消毒法是一种自净式空气消毒方法，其具体方法是将紫外灯和高效过滤器组合安装在带有风机驱动的装置内，使室内空气循环流过该装置，从而将细菌消灭。紫外灯一般布置在表冷器上风侧或过滤器下风侧。测试结果证明，这种装置对室内空气具有很好的消毒效果。有研究认为，单通路循环的紫外线除菌，除菌效率可达 99%，对细菌芽孢的清除率也可达 80% 左右。

一般认为，紫外线独立消毒的效果与消毒器的摆放位置有很大关系，当房间容积较大时，为了保证室内足够多的空气流过消毒器，就必须加大风机转速，这就会造成室内人员有吹风感，影响人体的舒适性；而若降低风速，室内空气的自净次数就随之减少，消毒效果就得不到保证。因此，紫外线独立消毒法只适用于房间容积小或仅需局部消毒净化的场所。

早在 1973 年，欧洲就开始采用紫外线照射来控制空调机组内微生物的滋生。相关研究结果表明，在距离表冷器或凝水盘 1 m 处使用 15 W 紫外灯直接照射足够长时间就能达到灭菌的目的。但是，由于紫外线的穿透力不强，在机组内部阴暗处等细菌容易滋生的地方，表面照射难以达到理想的消毒效果。对于过滤器紫外线消毒，条件许可时可用双侧紫外线照射，以有效控制过滤器内部微生物的生长和繁殖。

当前，我国室内空气净化普遍采用紫外线照射方法，但紫外线照射的消毒效果受到诸多因素影响（如室内温度、湿度，照射时间、距离，灯管质量，照射强度，灰尘及消毒对象等），并且紫外线对人体也存在一定的伤害，因此，必须重视和排除不利因素，确保和提高紫外线的消毒效果。

五、臭氧净化技术

臭氧净化技术是一种古老而又崭新的技术，是在 1840 年由德国化学家发明。作为一种强氧化剂、消毒剂、催化剂等，已广泛应用于化工、石油、纺织、食品及香料等工业部门。

臭氧可通过高压放电、电晕放电、电化学、光化学、原子辐射等方法得到，原理是利用高压电或化学反应，使空气中的部分氧气分解后聚合为臭氧，这是氧的同素异形转变的一种过程。

　　臭氧是广谱、高效、快速杀菌剂，在一定的浓度下，臭氧可迅速杀灭水和空气中的各种病菌和微生物，其灭菌速度是氯的 2 倍以上。更重要的是，臭氧杀菌后还原成氧，无任何残留和二次污染；其他化学制剂都无法做到这一点，所以臭氧被称为绿色环保制剂。臭氧用于水消毒时，由于其弥散性好，所以消毒效果甚佳，可以100% 杀灭水中的细菌；臭氧的除臭能力很强，它与引起臭味和腐败气味的氨、硫化氢、甲硫醇等发生化学反应，将它们氧化分解为无毒、无臭的物质，从而达到去除臭味和其他异味的效果。

（一）利用臭氧进行灭菌消毒

　　利用臭氧的强氧化作用进行灭菌，是室内空气灭菌消毒的主要方法之一。其灭菌消毒过程经历复杂的生物氧化反应。臭氧灭菌主要有以下三种形式：

　　（1）臭氧能氧化分解细菌内部葡萄糖所需的酶，导致细菌死亡。

　　（2）臭氧直接与细菌、病毒作用，破坏它们的细胞壁和 DNA、RNA，使细菌的新陈代谢受到破坏而死亡。

　　（3）臭氧透过细胞膜组织侵入细胞内，作用于细胞外膜的脂蛋白和内部的脂多糖，使细菌发生通透性畸变而溶解死亡。

　　臭氧为气体，能迅速弥漫到整个空间，灭菌无死角。

　　臭氧虽然具有灭菌、消毒、除臭、分解有机物的能力，但研究表明，室内空气中高浓度的臭氧对人体有害，这是由于臭氧具有很强的氧化性，可使人的呼吸道上皮细胞脂质在过氧化过程中产生的四烯酸量增多，进而引起上呼吸道炎性病变。

　　臭氧对人体呼吸道黏膜有刺激作用，当空气中臭氧浓度达到 0.15 mg/L 时，人即可嗅出。按照国际标准，臭氧浓度为 0.5 ～ 1 mg/L 时可引起口干等不适；为 1 ～ 4 mg/L 时可引起咳嗽；为 4 ～ 10 mg/L 时可引起强烈咳嗽。故用臭氧清洁空气，必须是在人不在的情况下进行，消毒后至少 30 分钟后才能进入。

臭氧为强氧化剂，对多种物品有损坏作用，浓度越高，对物品损坏越严重。例如，可使铜片出现绿色锈斑；使橡胶老化、变色、弹性减低，以致变脆、断裂；使织物漂白褪色；等等。

我国现行国家标准《室内空气质量标准》（GB/T 18883—2002）规定，将 1 h 臭氧浓度均值不大于 0.16 mg/m^3 作为限量标准。

（二）臭氧消毒灭菌方法的特点

臭氧灭菌的速度和效果是无与伦比的，它的高氧化还原电位决定它在氧化、脱色、除味方面有广泛的应用。有研究指出，臭氧溶解于水中，几乎能够杀灭水中一切对人体有害的物质，比如铁、锰、铬、硫酸盐、酚、苯、氧化物等，还可分解有机物及消灭藻类等。臭氧消毒灭菌的方法与常规的灭菌方法相比具有以下特点：

（1）高效性。臭氧消毒灭菌是以空气为媒质，而不需要其他任何辅助材料和添加剂，体现出包容性好、灭菌彻底，同时还有很强的除霉，除腥、臭等异味的功能。

（2）洁净性。臭氧快速分解为氧，是臭氧消毒灭菌的独特优点。臭氧是利用空气中的氧气生成的，在消毒过程中，多余的氧在30 min 后又结合成氧分子，不存在任何残留物，解决了一般消毒剂在消毒过程中产生的二次污染问题，同时省去了消毒结束后的再次清洁。

（3）方便性。臭氧灭菌器一般安装在洁净室内或者空气净化系统中或灭菌室内（如臭氧灭菌柜、传递窗等），根据调试验证的灭菌浓度及时间，设置灭菌器的开启及结束时间，操作使用方便。

（4）经济性。通过对臭氧消毒灭菌在制药行业及医疗卫生单位的使用及运行比较，臭氧消毒方法与其他方法相比具有良好的经济效益及社会效益。在当今工业快速发展的时代，环保问题特别重要，而臭氧消毒避免了其他消毒方法产生的二次污染。

六、二氧化氯净化技术

（一）二氧化氯消毒杀菌的特点

二氧化氯（ClO_2）是一种黄绿色的气体，有类似氯的刺鼻气味，易溶于水中形成黄绿色的溶液。空气中的二氧化氯具有杀菌、除臭、净化有机污染物等特殊功效。二氧化氯是一种强氧化剂，具有强氧化的能力，能与许多有机和无机化合物发生氧化还原反应。二氧化氯的腐蚀性也很强，可以腐蚀金属生成亚氯酸盐。

由于二氧化氯具有强氧化性且易燃易爆，自 19 世纪初期被发现以后的近百年间一直难以推广应用。到 20 世纪初，二氧化氯开始受到广泛重视并得到深入研究。1944 年，美国首次将二氧化氯用于饮用水的消毒、脱色、除臭；20 世纪 70 年代初，二氧化氯开始作为工业循环冷却水的处理剂。80 年代以来，经美国食品药品监督管理局（FDA）和美国国家环境保护局（EPA）的长期科学试验，二氧化氯被确认作为医疗卫生、食品加工、食品保鲜、环境保护及饮用水和工业循环水等方面的杀菌消毒、除臭的理想消毒剂。二氧化氯在 20 世纪 80 年代也被世界卫生组织确认是一种安全、高效、广谱、强力的杀菌剂。我国现已批准二氧化氯作为消毒剂，可用于食品、饮料等的加工设备和管道，以及餐具和饮用水处理等方面的消毒杀菌。

随着稳定性二氧化氯的研制成功，人们利用该气体具有的高活性，进行杀菌、消毒、除臭等方面的应用，二氧化氯已广泛应用于饮水处理、空气净化和食品防腐等方面。人们还利用二氧化氯缓慢释放出来的二氧化氯气体来消除室内空气的臭味，并对空气进行杀菌、消毒。因此，二氧化氯既可以起到清新空气的作用，又可以达到预防疾病的目的，从而被广泛应用于公共场所。近年来又研究出可通过固体吸附剂缓慢释放低浓度二氧化氯气体对空气进行消毒杀菌的方法，同时可以有效地去除空气中的臭味和异味。由于低浓度的二氧化氯对人体的毒性作用较低，因此也被开发为新型的室内空气净化清新剂。如何利用二氧化氯长时间净化室内环境污染，已成为世界各国一个热门的研究课题。

（二）缓释性二氧化氯空气净化

由于二氧化氯具有杀菌、除臭、净化有机污染物等特殊功效，并具有适用面广、使用剂量低、反应速度快、效果好、持续时间长，低浓度二氧化氯对人体无毒副作用、对环境不产生有害影响、无致畸致痛等优点，已被世界卫生组织列为 A1 线安全高效的绿色消毒剂，从而成为漂白粉、液态氯、二氯异氰尿酸钠等氯制剂的理想换代产品。

1. 缓释性二氧化氯对细菌的灭杀效果

二氧化氯能破坏病毒衣壳上蛋白质中的酪氨酸，从而抑制病毒的特异性吸附，阻止病毒对宿主细胞的感染。二氧化氯能杀死细菌及其他微生物，也是因为它能快速地控制微生物蛋白质的合成，与微生物蛋白质中的氨基酸发生反应，使其分解，从而导致细胞死亡。在众多的氨基酸中，已知某些氨基酸很容易被二氧化氯氧化，最典型的是芳香族氨基酸和含硫氨基酸，反应能力最强的是酪氨酸、色氨酸、半胱氨酸、蛋氨酸。

二氧化氯对病毒、细菌具有很强的杀灭作用，但它对动物机体不产生毒效。原因在于细菌的细胞结构与动物的截然不同。细菌是原核细胞生物，而动物及人类是真核细胞生物。原核细胞中绝大多数酶系统分布于细胞膜近表面，很容易受到攻击；而真核细胞的酶系统深入细胞里面，不易受到低浓度二氧化氯的攻击，所以低浓度二氧化氯对动物和人类机体无毒害作用。

二氧化氯杀菌的能力强于其他多种杀菌剂，能有效地杀死病毒、细菌、原生生物、真菌、芽孢等，相同条件下，二氧化氯消毒杀菌能力为氯气的 2.63 倍，对细菌和病毒的杀灭迅速高效。稳定性二氧化氯的氧化性是氯气的 27 倍，其杀菌具有高效、广谱、快速、用量少及持续时间长等优点。

2. 缓释性二氧化氯对空气中甲醛的净化

在缓释性二氧化氯净化空气中甲醛的研究中，有人利用缓释性二氧化氯在 28 m^2 的房间中对气态甲醛进行净化试验。通过测定不同的二氧化氯释放量和甲醛含量来考察缓释性二氧化氯净化空气中甲醛的能力，分析其散发量与室内空气中甲醛浓度及室内湿度之间的关系。

实验结果表明，在室内环境中，适量的二氧化氯释放量可以有效净化室内空气中的甲醛，其净化甲醛的能力与二氧化氯释放量呈正比关系。正是由于二氧化氯具有高效杀灭细菌和净化空气中有机污染物的能力，人们常将释放二氧化氯的装置安装在中央空调的新风段和回风段中，通过控制二氧化氯的释放量，对中央空调系统和管道进行消毒杀菌处理，可以取得良好的净化效果。

七、非平衡等离子体净化技术

20 世纪 80 年代以来，等离子体应用于处理各类污染物成为国内外研究的热点之一。低温等离子体与化学技术结合形成崭新的领域——低温等离子体化学。低温等离子体化学反应涉及材料的浅表面，具有不损伤材料基质、节水、节能、降低成本、无公害等优点，在太阳能光电池、大规模集成电路（LSI）等电子学领域的应用，以及金属氮化膜的制造、医用材料的表面改性、功能性源膜的制造等领域的迅速发展及实用化效果引起广泛关注。

等离子体技术也应用于烟道气的脱硫和脱硝，降解芳香烃及硫化氢等物质。等离子体技术应用于环境污染治理的研究取得了很大进展，在治理烟道气方面有了很大改进，获得了一些新的成果。但是单纯的低温等离子体技术存在一定的缺点，离大规模工业应用还有一定的距离，需要进行改进或者跟其他工艺有机地结合。

（一）非平衡等离子体净化技术的原理

非平衡等离子体净化技术（PPCP）去除气体污染物的基本原理是：通过电子束照射或高压放电形式获得的非平衡等离子体内，有大量的高能电子及高能电子激励产生的活性粒子，它们将有害气体污染物氧化成无害物或低毒物。

（二）与光催化相结合的非平衡等离子体空气净化装置

研究结果充分表明，采用非平衡等离子体与催化剂联用技术治理废气，在减少能耗和提高降解效率等方面有显著的优势，成为当今废气治理的发展方向之一。将二氧化钛（TiO_2）光催化剂放在外加高压的线 – 板放电区，被污染的室内空气被等离子化，与板极等电位的二氧化钛光催化剂加速反应。

非平衡等离子体产生的紫外光可激发催化剂。气体放电在产生低温等离子的同时，能产生紫外线，可激发二氧化钛催化剂进行光催化。此外，二氧化钛光催化剂可以增强局部电场。同时，有研究结果表明，从二氧化钛光催化剂中激发产生的带电电子，可以增强非平衡等离子电离区域的自由电子供应，从而提高等离子体的电离度，并能降低气体放电的起始电压，这样有利于提高能源的利用率，这已被许多研究所证实。

在非平衡等离子体中，除了有光子以外，还有电子、激发态分子、活性基团等高能量物质颗粒。其中，电子的平均能量为 5 eV左右，而由电子与分子碰撞产生的激发态寿命长达数秒的亚稳态氮分子则有 6.2 eV 的平均能量。这些粒子均可以激活表面的二氧化钛光催化剂，促进有害气体的光催化降解。

有的学者对低气压条件下单独低温非平衡等离子体作用、等离子体与二氧化钛 光催化剂结合、紫外线灯与二氧化钛光催化剂结合、等离子与二氧化钛光催化剂及紫外线灯结合这四种条件进行了 CH 分解对比试验研究，试验结果表明，最后一种结合条件下的降解速率显著高于其他三种情况。

八、负离子净化技术

负（氧）离子是空气中一种带负电荷的气体离子。自然界中，空气主要由氮（占 78.09%）、氧（占 20.95%）两种气体，以及占比很小的其他气体组成，在正常状态下呈电中性。但宇宙射线、紫外线、微量放射性物质的辐射，以及一些物理和化学反应等，会使空气中极少数中性分子（或原子）电离成自由电子和正离子，自由电子往往又同中性分子结合形成负离子。作为人类生命第一要素的氧，由于其电子亲和力（获取电子的能力）高于大气中的其他元素，所以大部分自由电子被氧分子获取，形成负氧离子。负氧离子具有杀菌、降尘、清洁空气、促进新陈代谢、提高免疫力等功能。

负氧离子浓度的高低是空气质量好坏的标志之一。根据世界卫生组织的标准，当空气中的负氧离子浓度每立方厘米高于 1000 - 1500 个时，才能称得上是"清新空气"。有专家认为，负氧离子具有良好的生物活性，易于进入人体发挥生物效应，对人体健康有益。因此，负氧离子也被誉为"空气维生素""长寿素"。

负离子作为活性氧的重要成员之一，由于其带负电荷，在结构上与超氧化物自由基相似，因而其氧化还原作用强，能够破坏细菌、病毒电荷的屏障及细菌细胞活性酶的活性。生态级负离子可以主动出击捕捉空气中带正电的小粒微尘，使其凝聚而沉淀，有效去除空气中的颗粒污染物。生态级负离子对空气的净化作用是由于负离子与空气中的细菌、灰尘、烟雾等带正电的微粒相结合，并聚成团降落而达到空气净化的目的。

当室内空气中负离子的浓度达到每立方厘米 2×10^4 个时，空气中的飘尘量会减少 98% 以上，对可吸入肺颗粒物 $PM_{2.5}$ 的净化效果极佳。所以在含有高浓度小粒径负离子的空气中，$PM_{2.5}$ 中危害最大的、直径为 1 μm 以下的微尘、细菌、病毒等几乎为零。

（一）负离子的生成机理

负离子的生成方式有两种，即自然生成和人工生成。

1. 自然生成

电离大气分子需要能量，这些能量直接导致中性气体分子初始电离。一般来说，气体电离所需的自然能源有六种，包括宇宙射线，紫外线辐射和光电发射，岩石和土壤中放射性元素释放的射线，瀑布冲击和摩擦，照明激发和风暴，光合作用。

（1）大气受紫外线、宇宙射线、放射物质、雷雨、风暴、土壤和空气放射线等因素的影响发生电离而释放有"污染物收集器"之称的负离子，生成的电子经过地球吸收后再释放出来，很快又和空气中的中性分子结合而成为负离子，或称为阴离子。自然界的负离子有很大的抗氧化效果与还原能力。

（2）在瀑布冲击、细浪推卷、暴雨跌落等自然过程中，水在重力作用下高速流动，水分子裂解而产生负离子。

（3）森林树木的叶枝尖端放电及绿色植物光合作用形成的光电效应，使空气电离而产生负离子。

2. 人工生成

生成人造负离子的方法主要有电晕放电、热金属电极或光电极的热电子发射、放射性同位素的辐射、紫外线等。目前，最新负离子转换生成技术产生的负离子已达生态级，这种生态级负离子就是易于进入人体的小粒径负离子。

（二）负离子技术在室内空气净化中的应用

目前市场上的负离子产品，从生成技术上可划分为有源负离子产品和无源负离子产品两大类。

1. 有源负离子产品

有源负离子产品就是利用电源通过特定的发生设备生成负离子。有源负离子产品一般不会出现辐射超标的情况，但如若采用的技术不过关，就会有附加衍生物，如臭氧、氮化物及正离子等产生，长期使用会对人体健康产生一定的危害。

2. 无源负离子产品

无源负离子产品就是不需要电源，而是依靠放射性物质，诸如负离子服装、负离子床垫、负离子涂料、负离子空气净化剂、负离子瓷砖、负离子手链等，或压电性物质（如添加负离子粉）来激发空气生成负离子。使用材料的放射性越强，生成的负离子浓度就越高；但同时，产品本身产生的放射性辐射也越大，长期使用或佩戴极易诱发白血病、癌症等疾病，对人体健康危害极大。

九、生物酶净化技术

生物酶是由活细胞产生的、对环境友好的无毒生物催化剂，大部分为蛋白质，也有极少部分为 RNA。酶的生产和应用在国内外已有 80 多年历史。20 世纪 80 年代，生物工程作为一门新兴高新技术在我国得到了迅速发展，酶的制造和应用领域逐渐扩大。酶在纺织工业中的应用也日臻成熟，由过去主要用于棉织物的退浆和蚕丝的脱胶，至现在在纺织染整的各领域广泛应用。现在，酶处理工艺已被公认为是一种符合环保要求的绿色生产工艺，它不仅使纺织品的性能得到改善和提高，而且因无毒无害、用量少、可生物降解废水、无污染而有利于生态环境的保护。生物酶广泛应用于纺织、石油、造纸、食品加工、污染治理等领域；同时，生物酶也应用于治理室内装修污染，通过催化、吞噬、分解等方式消除室内装修产生的异味、甲醛等污染。

（一）生物酶的结构特性

生物酶是具有催化功能的蛋白质。和其他蛋白质一样，酶分子由氨基酸长链组成。其中一部分呈螺旋状，一部分是折叠的薄片结构，而这两部分由不折叠的氨基酸链连接起来，使整个酶分子成为特定的三维结构。生物酶是从生物体中产生的，具有特殊的催化功能。其特性如下：

（1）高效性。用酶作催化剂，酶的催化效率是一般无机催化剂的 $10^7 \sim 10^{13}$ 倍。

（2）专一性。一种酶只能催化一类物质的化学反应，即酶是仅能促进特定化合物、化学键、化学变化的催化剂。

（3）低反应条件。酶催化反应不像一般催化剂那样需要高温、高压、强酸、强碱等条件，而可在较温和的常温、常压下进行；另外，一些特殊的酶在特定条件下催化效率达最大值，如胃蛋白酶在胃液酸性条件下发生作用。

（4）易变性失活。在受到紫外线、热、射线、表面活性剂、金属盐、强酸、强碱等因素影响时，酶蛋白的二级、三级结构有所改变。

（5）可降低反应活化能。酶作为一种催化剂，能提高化学反应速率的主要原因是降低了生化反应的反应活化能，使反应更易进行。

（二）生物酶的作用机理

酶蛋白与其他蛋白质的不同之处在于酶具有活性中心。酶可分为四级结构：一级结构是氨基酸的排列顺序，二级结构是肽链的平面空间构象，三级结构是肽链的立体空间构象，四级结构是肽链以非共价键相互结合成为完整的蛋白质分子。真正起决定作用的是酶的一级结构，它的改变将使酶的性质随之改变（失活或变性）。

1. 降低反应活化能

在任何化学反应中，反应物分子必须超过一定的能阈，成为活化的状态才能发生反应形成产物。这种提高低能分子达到活化状态的能量，称为活化能。催化剂的作用主要是降低反应所需的活化能，以致相同的能量能使更多的分子活化，从而加速反应的进行。酶能显著地降低活化能，故能表现出高度的催化效率。例如，过氧化氢分解为水和氧气，过氧化氢酶能降低反应活化能，使反应速度提高千百万倍以上。

2. 生成酶复合物

酶催化某一反应时，首先在酶的活性中心与底物结合生成酶－底物复合物，此复合物再进行分解而释放出酶，同时生成一种或数种产物。此过程可用下式表示：

$$E + S \rightarrow ES \rightarrow E + P$$

式中：E 表示酶，S 表示底物，ES 表示酶（底物）复合物（过渡中心态），P 表示产物。ES 的形成改变了原来反应的途径，可使底物的活化能大大降低，从而使反应加速。

3. 高效率的机理

（1）趋近效应和定向效应。酶可以将它的底物结合在它的活性部位，由于化学反应速度与反应物浓度成正比，因此若反应系统的某一局部区域底物浓度增大，则反应速度也将随之提高。此外，酶与底物间的靠近具有一定的取向，这样反应物分子才能被作用，从而大大增加 ES 复合物进入活化状态的概率。

（2）张力作用。酶与底物的结合可诱导酶分子构象发生变化，比底物大得多的酶分子的三、四级结构的变化也可对底物产生张力作用，使底物扭曲，促进 ES 进入活化状态。

（3）酸碱催化作用。酶的活性中心具有某些氨基酸残基的 R 基团，这些基团往往是良好的质子供体或受体，在水溶液中，这些广义的酸性基团或广义的碱性基团对许多化学反应而言是有力的催化剂。

（4）共价催化作用。某些酶能与底物形成极不稳定的、共价结合的 ES 复合物，这些复合物比没有酶存在时更容易进行化学反应。

（三）生物酶技术在室内空气净化中的应用

生物酶技术在室内空气净化中，主要是应用从植物中提取的蛋白质生物酶对有害物质的比较好的降解能力，但是目前技术还不够成熟，市面上大部分生物酶的效果也不是很理想。生物酶在短时间内有效，但酶的活性不高，整体效果不稳定，需要和其他成分复配以增强其性能。

十、纳米光催化技术

纳米光催化技术也称为光触媒技术，是指对附着在有效介质上的纳米 TiO_2 颗粒照射特定光源，使之与周围的水、空气中的氧发生作用以产生具有极强的氧化还原能力的电子–空穴对。这种电子–空穴对能在室温下将空气或水中的有机污染物和部分无机污染物予以光解消除。纳米光催化技术是近几年发展起来的一项空气净化技术，它主要是利用在紫外光照射下 TiO_2 的光催化性氧化甲醛，生成二氧化碳和水，可用于治理空气污染。该技术越来越受到重视，成为空气污染治理技术的研究热点。

纳米光催化技术具有反应条件温和、能耗低、二次污染少、可以在常温常压下氧化分解结构稳定的有机物等优点。一般室内甲醛的浓度较低，在居室墙面、玻璃、陶瓷等建材表面涂敷 TiO_2 薄膜

或安放 TiO_2 空气净化设备可有效降解或分解甲醛。

（一）纳米光催化技术概述

自 20 世纪 70 年代以来，纳米半导体光催化技术的研究得到了极为迅速的发展，尤其是在环境科学领域进展迅速。目前研究最多的是半导体材料，有 TiO_2、$ZnO \cdot CdS \cdot WO_3$、SnO_2 等，由于 TiO_2 的化学稳定性高，并且具有较深的价带能级，可使一些吸热的化学反应在被光辐射的 TiO_2 表面得到实现和加速，加之 TiO_2 对人体无毒，因此，TiO_2 的光催化研究最为活跃。TiO_2 有三种形态：锐钛矿型、金红石型和板钛矿型，其中含钛 70% 的锐钛矿型和含钛 30% 的金红石型的晶体粒子光催化活性最佳。

TiO_2 光催化降解空气污染物的作用原理，是根据其本身的结构，它的能谱带不是连续的，价带和导带由禁带分隔开，禁带宽度为 3.2 eV，当受到波长小于 387.5 nm 的近紫外线照射时，其内部的价带电子被激发跨过禁带跃迁至导带生成电子 - 空穴对。电子 - 空穴对扩散到 TiO_2 表面上，并能穿过界面与吸附在 TiO_2 表面的物质发生氧化还原反应。空穴能量 7.5 eV，氧化电位 +3.0 V，具有极强的氧化能力，能够氧化有机化合物，使之达到完全矿化的程度，生成 CO_2、H_2O 及其他无机物和羟基自由基。电子具有还原性，能与 O_2 分子发生还原反应生成过氧自由基。这些自由基具有很强的氧化能力，也能够氧化有机化合物。以 TiO_2 为代表的光催化半导体材料已成为环境工程材料的重要分支。

（二）纳米 TiO_2 光催化反应的深层反应

从纳米 TiO_2 光催化反应产生的活性基团反应能来分析，活性羟基基团具有 402.8 MJ/mol 的反应能，其能量比有机物中多种化学键的键能大得多。表 3 - 2 中列举了常用有机物中各种化学键的键能。

表 3-2　常用有机物中各种化学键的键能

化学键	键能/($MJ \cdot mol^{-1}$)	化学键	键能/($MJ \cdot mol^{-1}$)
C—C	83	C—O	84
C—H	99	O—H	111
C—N	73	N—H	93

从表 3-2 中可知，光催化反应的活性基团产生的化学能，可有效地断裂 C—C、C—H、C—N、C—O、O—H、N—H 等键合成的化合物，从而分解各种有机分子。从纳米 TiO_2 光催化反应机理来分析，为了提高光催化活性，必须采用粒径小的纳米光催化剂，因为表面原子增多，光吸收效率必然会大大提高，表面光生载流子的浓度增大。另外，纳米 TiO_2 的比表面积增大，它对氧气或水分子的吸附能力增强，由此产生的含气活性粒子增多，从而提高了反应效率；同时，由于纳米 TiO_2 的氧化-还原电位发生变化，由光激发而产生的价带空穴具有更大的正电位，导带电子具有更大的负电位，因此，氧化还原反应的能力大大增强。

近年来，Schwitzgebel 等学者研究证实，不仅是空穴，电子也是 TiO_2 光催化氧化还原反应的基本角色。光生电子通过与分子氧反应形成超氧基，在与有机物进行反应时，有机物被空穴或超氧基氧化后，生成有机过氧基，部分有机过氧基再与分子氧反应形成超氧基，相对不活泼的超氧基与有机过氧基合并，生成不稳定的有机四氧基，最终分解成水和二氧化碳。

实际上，光催化反应就是 TiO_2 通过空气或水分子产生活性粒子，进行氧化-还原反应。特别是空气中有大量的氧分子存在，所以利用光催化净化空气具有更高的效率和更好的效果。

（三）纳米光催化剂的固定方法

试验结果充分证明，纳米光催化剂粉体固定到载体上的方法，对于催化剂的催化性能也有较大的影响。常用的载体有金属载体，

113

如镍片、铝片、铜片、钛片和不锈钢片等一些耐腐蚀的材料，它们主要用于电助光催化反应。

纳米光催化剂的固定方法有很多，常见的有粉体烧结法、溶胶－凝胶法、偶联法、掺杂法、水解沉淀法、电泳沉积法、分子吸附沉积法、离子溅射法等。

（四）纳米光催化材料的主要类型

目前，在实际工程中常见的纳米光催化材料主要可分为以下七种类型。

1. 纳米金属氧化物

纳米金属氧化物是应用较早、使用广泛的光催化剂。这种光催化剂的种类很多，在实际应用中常见的有 TiO_2、Fe_2O_3、MoO_3、WO_3、Al_2O_3、V_2O_3、Tb_2O_3、SnO、CuO、NiO、ZnO 等。

2. 表面耦合型纳米半导体光催化剂

耦合半导体由两种不同禁带宽度的半导体复合而成，其互补性能增强电荷分离，抑制电子－空穴对的复合，扩展光致激光波长范围，从而显示出比单一半导体更好的稳定性。常见的表面耦合型纳米半导体光催化剂主要有 $CdS\text{-}TiO_2$、$CdS\text{-}SnO$、$CdS\text{-}ZnO_2$、$CdSe\text{-}TiO_2$、$SnO\text{-}TiO_2$ 等。

3. 掺杂型纳米光催化剂

TiO_2 具有光催化活性高、化学性质稳定、无毒无臭及成本低廉的优势，是研究得最多的光催化剂。然而，激发波长的限制严重制约着 TiO_2 光催化剂走向实用化。掺杂型纳米光催化剂可以克服 TiO_2 的这一缺陷，即在纳米半导体相体中掺杂 Pt、Pd、Au、Ag、Rb、Rh、Pu 等贵金属及 Cu、Zn、Fe 等金属。

4. 表面负载贵金属的纳米光催化材料

这种纳米光催化材料是在纳米金属氧化物 TiO_2、Fe_2O_3、WO_3、Al_2O_3、V_2O_3、SnO、CuO、NiO、ZnO 等表面负载贵金属。

5. 担载型光催化剂

催化剂载体又称为担体（support），是负载型催化剂的组成之一。担载型光催化剂是在担体表面负载 TiO_2、ZnO 等光催化剂。催化活性组分担载在载体表面上，载体主要用于支持活性组分，使催化剂具有特定的物理性状，而载体本身一般并不具有催化活性。常用的有氧化铝载体、硅胶载体、活性炭载体及某些天然产物如浮石、硅藻土等。

6. 金属半导体表面配位衍生物

金属硫化物或氧化物半导体表面部分金属离子被配位或生成衍生物，能明显提高导带表面电子转移到溶液中受体的速率，且可吸收波长红移，在近紫外和可见光区发生反应。金属半导体表面配位衍生物有 TiO_2 – 邻苯二酚、TiO_2 – 邻苯二甲酸表面配位物等。

7. 钙钛矿型氧化物结构的光催化剂

钙钛矿型氧化物由于其结构的稳定性和特殊的物化性能，日益成为材料科学领域的研究热点。常见的钙钛矿型氧化物结构的光催化剂有 $SrTO_3$、$BsTiO_3$、$LaFeO_3$ 等。

（五）纳米光催化技术在室内环境净化中的应用

国内已有多家公司可以批量生产 TiO_2 纳米催化剂，国外也有相应的高活性催化剂商品销售。目前，对制备薄膜光催化剂，尤其是高比表面、高活性薄膜光催化剂的研究成为热点，多孔和中孔薄膜光催化剂的研究是纳米光催化剂实用的技术难点。TiO_2 纳米光催化技术在室内空气污染物净化方面的主要应用如下。

1. 无机气体的去除

二氧化硫和氮氧化物既是城市空气中的主要污染物，也是燃料在室内燃烧时产生的主要污染物，氨则是某些混凝土添加剂（防冻液）释放出来的。这些污染物对人体危害非常大，可以直接引起呼吸系统疾病。光催化剂能够氧化空气中较低浓度的二氧化硫、氮氧化物、硫化氢和氨。TiO_2 光催化氧化去除氮氧化物效果比较理想的体积分数范围为 $0.01 \sim 1\ \mu L/L$，在 $100\ \mu L/L$ 以上则难以去除。

2. 室内异味的去除

产生室内异味的物质主要是一些含硫、氮的化合物，如硫醇、硫醚、胺类，其成分多种多样。这些物质即使浓度极低，散发的臭气仍令人感到非常不舒适。将 TiO_2 与臭氧或其他催化剂组合去除臭味效果较好。将 TiO_2 固定在活性碳纤维、蜂窝状板材上，制备出光催化空气净化器，能够有效地去除硫化氢、氨等臭味物质。利用粒子粒径为纳米级的 TiO_2 作催化剂，再用氢氧化锌进行表面处理，吸附甲硫醇的能力获得明显的改善，在紫外线的照射下，光催化氧化分解甲硫醇的效率得到大幅度提高。

3. 挥发性有机化合物的去除

室内空气中的化学污染物以挥发性有机化合物为主。TiO_2 在紫外线照射下生成的空穴具有的氧化分解能力比氯气和臭氧都高，在清除挥发性有机化合物方面有独到之处，适用于低浓度污染物的去除，也适用于多种污染物的去除。光催化氧化能够完全分解并破坏挥发性有机污染物，包括许多难以用其他方法降解的污染物，最终达到无机化。已经通过光催化氧化分解室内空气中典型的挥发性有机化合物有苯系物（苯、甲苯）、醛类（甲醛、乙醛）、醇类

（甲醇、乙醇），还有乙酸、苯酚、吡啶、丙酮、氯苯、氯甲烷等。

十一、植物净化

大量的测试结果充分证明，绿色植物兼有美化和抑制室内空气污染的双重功能，绿色植物对室内空气中的某些污染物具有净化功能。

绿色植物净化空气的原理分为物理吸附和化学吸附两种。物理吸附是指植物表面的黏液或表皮对灰尘、病菌有一定的吸附力，从而起到净化作用。而化学吸附是指植物机体自身可进行新陈代谢，通过特定的途径对有毒气体，如甲醛、苯系物等起到生物降解作用。有关植物对室内空气污染物的去除机制的研究，过去报道得比较少。有关专家在进行大量的试验研究后证实，绿色植物吸附化学物质的能力，大部分来自盆栽土壤中的微生物，与植物同时生长于土壤中的微生物在经历代代遗传繁殖后，其吸收化学物质的能力还会加强。同时，盆栽植物土壤中的水分对于甲醛类等有害物质同样具有良好的吸收作用。

有关测试试验还表明，室内污染物质可以通过植物叶片背面的微孔道被吸入植物体内，与植物根部共生的微生物也能自动分解污染物，且分解产物会被植物根部吸收。例如，吊兰、芦荟能把甲醛转化为糖类、氨基酸等天然物质；常春藤、吊兰可利用自身的酶分解苯及来源于复印机和激光打印机中的三氯乙烯等，明显减轻室内空气污染的程度；铁树可吸收苯和有机物；等等。

但是，一些植物在吸收某种有害物质的同时，也会释放出另一种具有副作用的物质，并且植物吸收有害气体是有限的、缓慢的，这些植物净化室内空气的作用究竟有多大、持久性如何，还需要进行更多的研究才能确定。

十二、甲醛清除剂

甲醛清除剂是指专门用于清除污染源及空气中甲醛的一类液态产品。

《人造板及其制品用甲醛清除剂清除能力的测试方法》（GB/T 35239—2017）由中华人民共和国国家质量监督检验检疫总局、中国国家标准化管理委员会发布，2018年7月1日开始实施。标准对人造板甲醛清除剂的清除能力的评价做出了明确规定，定义了人造板及其制品用甲醛清除剂：喷涂在人造板及其制品表面，对其释放的甲醛具有一定清除能力的液态产品。

（一）甲醛清除剂的机理

甲醛清除剂的作用机理决定了其产品的适用范围和效果，可以说是甲醛清除剂产品的基础核心问题。但是市面上叫作甲醛清除剂的产品有很多，而且原理说明千奇百怪。概括起来，甲醛清除剂的原理有四类，分别是络合反应类、催化分解类、氧化还原类、封闭封堵类。

1. 络合反应类

此类甲醛清除剂的作用原理是发生高分子聚合反应。简单地说，就是在常温条件下，清除剂的有效成分在水分渗透的带动下进入板材等污染源中，与游离甲醛发生络合反应，生成稳定、不可逆的树脂类固体物。反应过程不产生挥发物，没有二次污染，解决了污染源中游离甲醛的问题。反应生成的不可逆树脂固定物留存在游离甲醛挥发必经的细微孔隙中，阻止了外界潮气的进入，减少甚至杜绝了脲醛树脂胶遇潮分解的问题。

2. 催化分解类

此类甲醛清除剂的作用原理是催化分解，也就是利用清除剂中的催化剂催化空气中的氧气与有机污染物发生氧化分解等化学反应，从而把甲醛等有机污染物分解掉。常见的催化剂有贵金属纳米材料（Pt）和光触媒类的二氧化钛（TiO_2）、氧化锌（ZnO）、氧化锡（SnO_2）、硫化镉（CdS）等。催化剂可以催化分解多种有机污染物，催化分解甲醛的能力弱于分解其他有机污染物。

3. 氧化还原类

甲醛清除剂的作用原理是氧化还原，也就是利用清除剂中氧化剂的氧化能力与甲醛发生氧化还原反应，从而达到清除甲醛的效果。相同原理的还有臭氧去除室内空气污染物等，二氧化氯的装修除味剂亦属于此类。

4. 封闭封堵类

甲醛清除剂的作用原理是封堵，也就是利用产品成膜的特性，部分或完全封堵住污染物体表面，不让甲醛挥发出来。但是这类产品的实际效果非常有限，无法把现实生活、工作环境中的污染源完全封堵住。严格来说，这类产品不能叫甲醛清除剂，而应叫甲醛封闭剂。

（二）人造板甲醛清除剂

人造板甲醛清除剂是甲醛清除剂的一类，专门用于处理长期重度甲醛污染。将其喷涂于人造板及其家具制品表面，清除剂中的成分借助水分或渗透剂渗透进板材内部，对人造板内部分解释放的甲醛进行捕捉并发生聚合反应。

人造板甲醛清除剂广泛应用于各种人造板及其家具制品中甲醛污染的清除处理：各种裸露的人造板（也称为人造板素板），各种

人造板饰面板（也称为人造板贴皮饰面板），室内装修装饰使用的
各种人造板、饰面板等，各种人造板制作的家具制品、造型隔
断等。

人造板甲醛清除剂也可以用于棕榈床垫、沙发内衬板、软硬包
装饰中的甲醛治理。

第三节　空气净化器的应用

空气净化器又称为空气清洁器、空气清新机、净化器，是指能
够吸附、分解或转化各种空气污染物（一般包括 $PM_{2.5}$、粉尘、花
粉、异味、甲醛等装修污染、细菌、过敏原等），有效提高空气清
洁度的产品，主要分为家用、商用、工业用、楼宇用。

空气净化器涉及多种不同的技术和介质，能够向用户提供清洁
的空气。常用的空气净化技术有吸附技术、负（正）离子技术、催
化技术、光触媒技术、超结构光矿化技术、HEPA 高效过滤技术、
静电集尘技术等；材料主要有光触媒、活性炭、合成纤维，以及
HEAP 高效材料、负离子发生器等。现有的空气净化器多为复合
型，即同时采用了多种净化技术和材料介质。

一、空气净化器的发展

空气净化器起源于消防用途。1823 年，约翰·迪恩和查尔
斯·迪恩发明了一种新型烟雾防护装置，可使消防队员在灭火时避
免烟雾侵袭。

1854 年，约翰斯·滕豪斯在前辈发明的基础上又取得新进展，
通过数次尝试，他了解到向空气过滤器中加入木炭，可从空气中过
滤掉有害和有毒气体。

"二战"期间，美国政府开始进行放射性物质研究，它需要研制出一种可过滤所有有害颗粒的方法，以保持空气清洁，使科学家可以呼吸，于是 HEPA 过滤器应运而生。在 20 世纪五六十年代，HEPA 过滤器一度非常流行，很受人防工程设计和建设人员欢迎。

进入 20 世纪 80 年代，空气净化的重点已经转向净化的方式。过去的过滤器在去除空气中的恶臭、有毒化学品和有毒气体方面非常有效，但不能去除霉菌孢子、病毒或细菌；而新的家庭及写字楼用空气净化器不仅能清洁空气中的有毒气体，还能去除空气中的细菌、病毒、灰尘、花粉、霉菌孢子等。

二、空气净化器的标准

2016 年 11 月 14 日，中国环境保护部环境发展中心颁布了我国《环境标志产品技术要求空气净化器》（HJ 2544—2016），以帮助消费者选择适合的空气净化器产品，促进和规范空气净化器市场的健康发展，标准于 2017 年 1 月 1 日起实施。此次颁布的标准对从产品设计、生产、使用，到废弃和回收全生命周期进行控制。

标准要求在生产过程中，企业在原材料选择上必须符合电子电气产品污染控制要求。

标准对产品使用过程中去除细颗粒物、甲醛或甲苯的最低净化能效进行了规定。根据不同房间的适用面积来确定对 $PM_{2.5}$、甲醛或甲苯等室内空气主要污染物的洁净空气输出比率（clean air delivery rate，CADR），并提出指标要求。

三、空气净化器的构成

市面上销售的空气净化器主要由微风扇、空气过滤器（滤网）、水箱、智能监控系统、负离子发生器与高压电路、加湿滤网、消毒装置等组成。以上结构虽然说不是每一款产品都具备，但是能够代表绝大多数产品的结构类型。

（一）微风扇

微风扇（又称为通风机）作为空气净化器最核心也是必不可少的部件，主要作用是控制空气进行循环流动。它将受到污染的空气吸入，经过过滤后，再将清洁的空气吹出。

（二）空气过滤器（滤网）

市面上大多数空气净化主要是通过滤网的过滤来实现的。滤网分为集尘滤网、去甲醛滤网、除臭滤网、HEPA滤网、活性炭滤网等。每一种滤网主要针对的污染源都不相同，过滤的方法也不相同。其中相对成本略高的就是HEPA滤网，市面上大多数空气净化器采用这一滤网净化技术，它能起到分解有毒气体和杀菌作用，特别是能抑制二次污染。

（三）水箱

随着空气净化器越来越受到消费者的关注，空气净化器的功能也不仅仅局限于对空气的净化，通过增加水箱结构设计，空气净化器在完成基本任务的同时，还能够对空气起到加湿的作用。

（四）智能监控系统

智能监控系统可简单地理解为空气质量的"监督员"，通过内置的监测设备可以对空气的质量实时做出优、良、中、差的判断。消费者可以根据空气质量情况选择使用空气净化器。另外，智能监控系统还能对滤网的寿命、水箱的水位等进行监控，方便用户了解空气净化器的工作状态。

（五）负离子发生器与高压电路

空气净化器的主要结构是高压电路与负离子发生器（工作时，

负离子发生器中的高压产生直流负高压），主要是将负离子流随清洁的空气一起送出。负离子具有镇静、催眠、镇痛、增食欲、降血压等功能。雷雨过后，人们感到心情舒畅，就是空气中的负离子增多的缘故。空气中的负离子能还原来自大气的污染物质产生的活性氧（氧自由基），减少过多活性氧对人体的危害。

（六）加湿滤网

加湿滤网以其独特的"圆号构造＋背面网格构造"设计，完美的"倾斜0°新气流"，明显加大了风量，吸附了室内飞扬的尘土、细菌和异味，并以极快的速度去除，达到对空气净化和消毒的效果，显著提高了空气净化能力。

（七）消毒装置

就其结构而言，静电式空气净化装置大体有三种：平板式结构空气净化装置、蜂窝状六边形通道空气净化装置和圆孔通道空气净化消毒装置。

四、空气净化器的分类

尽管市场上空气净化器的名称、种类、功能不尽相同，但从空气净化器的工作原理来看，主要有被动式、主动式、混合式三种。

（一）被动式空气净化器的净化原理（滤网净化型）

用风机将空气抽入机器，通过内置滤网过滤空气。主要能够起到过滤粉尘、消除异味、分解有毒气体和杀灭部分细菌的作用。

这类产品的风机及滤网的质量决定了其净化空气的效果，机器放置的位置及室内的布局也会影响净化效果。

（二）主动式空气净化器的净化原理（无滤网型）

主动式空气净化器摆脱了风机与滤网的限制，不是被动地等待室内空气被抽入净化器内进行过滤净化，而是有效、主动地向空气中释放净化灭菌因子，通过空气会扩散的特点，对室内的各个角落进行无死角净化。

市场上净化灭菌因子的技术主要有银离子技术、负离子技术、低温等离子技术、光触媒技术等。

（三）混合式（主动净化 + 被动净化）空气净化器的净化原理

混合式空气净化器其实就是将被动式净化的技术与主动式净化的技术进行结合。

五、主流净化技术解析

通过对用户的调查可以发现，空气净化器的净化技术类型在消费者选购时扮演着非常重要的角色，有接近九成的消费者把净化技术类型作为选购时的首要考虑因素。因此，对目前空气净化器市场的主流净化技术进行研究必不可少。

（一）活性炭吸附技术

活性炭的表面积很大，一般在 1500 m^2/g 以上，能与气体进行充分接触，从而吸附其中的杂质，起到净化作用。

其缺点是：活性炭只能暂时吸附一定的污染物，当温度、风速升高到一定程度的时候，它所吸附的污染物就有可能游离出来，再次进入空间造成二次污染。因此，要经常更换过滤材料，避免吸附饱和。

（二）离子过滤技术

离子过滤空气净化器是设想能把污染粒子吸附到净化器内带有电荷的金属叶片上，叶片通过组件推动空气，形成气流，负离子和正离子互相吸引，把空气中的粒子和烟雾吸附到叶片上。

其优点有：

（1）高效杀菌、除尘，除尘率、杀菌率均大于99%，能有效抑制流感病毒、细菌的传播及交叉感染。

（2）能有效去除香烟尼古丁颗粒及烟雾，有效去除油烟和异味。

（3）能安全持续有效地分解甲醛、苯等挥发性有机化合物，不产生任何其他有害物质而造成二次污染。

（4）节能、无声工作，无须风机，等离子场自动驱动空气流通。

（5）是低碳环保生活的标志。无须更换过滤网膜，方便人工清洗，可重复使用。

（三）臭氧杀菌技术

臭氧能从根本上杀死细菌和病毒。可以说，臭氧杀菌的彻底性是毋庸置疑的。

其缺点是：臭氧如果超标会强烈刺激人的呼吸道，造成人的神经中毒，出现头晕头痛、视力下降、记忆力衰退等症状，破坏人体的免疫机能，还会致使孕妇生出畸形儿。因此，在选用臭氧杀菌的空气净化器时，要严格注意臭氧的产生率是否符合国家标准。

（四）HEPA 过滤技术

HEPA 即高效空气过滤器，是一种国际公认的最好、最高效的滤材。HEPA 由非常细小的有机纤维交织而成，对微粒的捕捉能力较强，孔径微小，吸附容量大，净化效率高，并具备吸水性，针对

0.3 μm 的粒子净化率高达 99.97%，如果用它过滤香烟烟雾，那么过滤的效果几乎可以达到 100%，因为香烟中的颗粒物大小介于 0.5～2 μm 之间，无法通过 HEPA 过滤膜。

（五）静电集尘技术

静电集尘是利用高压静电吸附的原理去除空气中的微粒污染物，如灰尘、煤烟、花粉和香烟烟雾等；同时，还可有效吸附空气中的气态污染物及滤除空气中的致病微小生物。

其缺点是：该技术容易产生臭氧，而且只对颗粒物等大粒子气体有效果，主要用于除尘，而对于去除甲醛、苯等有机物几乎没有效果。

（六）光触媒技术

光触媒是一种纳米级的金属氧化物材料，在光的作用下产生强烈的催化降解功能，能有效降解空气中的有毒有害气体，有效杀灭多种细菌；同时还具备除臭、抗污等功能。

其优点有：

（1）持久性。只要不磨损、不剥落，光触媒本身不会发生变化和损耗，在光照下可以持续不断地净化污染物，具有时间持久、持续作用的优点。

（2）安全性。无毒、无害，对人体安全可靠；不会产生二次污染。

第四章

室内空气质量检测标准

一个成年人每天呼吸次数在 2 万次以上，吸入呼出的空气量达到15 ～ 20 m³，因此，室内的空气质量对人体健康影响重大。室内空气质量的优劣已引起世界各国的高度重视。在美国和欧洲国家，20 世纪 70 年代就开始研究和控制室内空气质量，制定和颁布了很多有关提高室内空气质量方面的标准，有力地推动了世界其他各国的室内空气质量标准的建立。我国于 2003 年 3 月 1 日开始实施《室内空气质量标准》（GB/T 18883—2002），2020 年 8 月 1 日开始实施《民用建筑工程室内环境污染控制标准》（GB 50325—2020），并实施了室内装修装饰材料有害物质限量 10 项国家标准，规定了一系列污染物的限量值，共同构成了比较完整的室内环境污染控制和评价体系，为室内空气质量的评价与控制提供了可靠依据。

第一节　室内空气质量检测概述

一、室内空气质量的概念

室内空气质量是指室内空气的内在结构和外部表现的状态对人体的适应性。内在结构是指室内空气的组成，外部表现状态是指室内空气应无毒、无害、无异常臭味。清新的空气是人类生存的保障，而受到污染的空气不仅其组分发生变化，导致有味甚至有色，而且使人感到不适，甚至会导致疾病或死亡。

室内空气质量也称为室内空气品质（indoor air quality，IAQ），是指在某个具体的环境内，空气中某些要素对人们生活、工作的适宜程度，它反映了人们对空气的具体要求而形成的一种概念，主要包括室内空气的温度、湿度、新鲜度和洁净度等情况。

2002 年，我国制定的《室内空气质量标准》（GB/T 18883—2002）（2003 年 3 月 1 日实施）借鉴了国外相关标准，不但涵盖了

19 项相关检测指标的客观评价内容，还首次采用国际对室内空气质量的定义，加入了"室内空气应无毒、无害、无异味"的主观感受与评价方式，与国际主流的室内空气品质的观念相接轨，也标志着我国在加入 WTO（世界贸易组织）后，对室内环境质量的理念开始融入世界主流。

二、室内空气质量检测

室内环境检测是室内环境评价的科学依据，也是环境大气学科的一个新的分支，是涉及建筑科学、预防医学、环境科学的新的研究热点。

（一）室内空气质量检测的定义

室内空气质量检测，是指室内空气质量检测机构中的专业人员运用现代科学技术手段，按照国家现行的有关标准、法规，遵照规定的质量保证程序，对代表空气污染和空气质量的各种空气污染物进行检测、监控和测定，从而科学地评价室内空气质量的操作过程。

室内空气质量检测是一个新兴的行业，它是针对室内因装修装饰、添置家具而引起的环境污染情况进行分析、化验，以及出具国家权威——中国计量认证（CMA）中心认可的具有法律效力的检测报告的过程，根据检测结果值可以判断室内各项污染物质的浓度，并进行有针对性的防控措施。

（二）标准的基本概念

我国的国家标准分为强制性国家标准和推荐性国家标准。

强制性国家标准是在一定范围内通过法律、行政法规等强制性手段加以实施的标准，具有法律属性。强制性国家标准一经颁布，必须贯彻执行；否则，造成恶劣后果和重大损失的单位和个人，要受到经济制裁或承担相应法律责任。

130

推荐性标准又称为非强制性标准或自愿性标准，是指在生产、交换、使用等方面，通过经济手段或市场调节手段而自愿采用的一类标准。推荐性标准不具有强制性，任何单位均有权决定是否采用；违反这类标准，也不构成经济或法律方面的责任。应当指出的是，推荐性标准一经接受并采用，或各方商定同意纳入经济合同中，就成为各方必须共同遵守的技术依据，具有法律上的约束性。

（三）室内空气质量检测的现行标准

我国是世界上第一个制定并颁布室内空气质量标准的国家。我国现行的室内空气方面的质量标准有室内空气检测质量标准、室内空气检测方法标准、室内环境材料标准等。

现行国家标准《民用建筑工程室内环境污染控制标准》（GB 50325—2020）主要适用于新建、改建、扩建的民用建筑工程和装饰工程，在工程完工后、交付使用前进行检测和验收，是强制执行的国家标准。该标准规定了由建筑装修材料产生的游离甲醛，氨，苯、甲苯、二甲苯，TVOC（总挥发性有机化合物），氡气等五项污染物指标。工程验收时，只有当室内环境污染物浓度的全部检测结果符合该标准规定时，方可判定该工程室内环境质量合格；否则，不准交付使用。该标准将住宅、医院、学校教室、幼儿园、老年建筑（如老年公寓）等划为Ⅰ类民用建筑工程，把办公楼、商店、旅馆、文化娱乐场所、书店、图书馆、展览馆、体育馆、餐厅、理发店等划为Ⅱ类民用建筑工程。

现行国家标准《室内空气质量标准》（GB/T 18883—2002）规定了人们在正常居住或工作条件下，能保证人体健康的各项物理性指标、化学污染性指标、微生物指标和放射性指标的限值，包括温度、湿度、空气流速、新风量、二氧化硫、二氧化氮、一氧化碳、二氧化碳、氨、臭氧、甲醛、苯、甲苯、二甲苯、苯并［a］芘、TVOC、菌落总数、放射性氡气等参数指标（不考虑室外空气的影响）。民用建筑工程和装饰工程交付使用后，室内环境污染的来源除了建筑材料及装修材料产生的外，还有生活中煮饭、吸烟、生活垃圾、新购的衣物、家具等产生的。

第二节 《室内空气质量标准》
（GB/T 18883—2002） 解析

为保护人体健康，预防和控制室内空气污染，2002 年 11 月 19 日，由国家质量监督检验检疫总局、卫生部、国家环境保护总局联合发布了《室内空气质量标准》（GB/T 18883—2002），并于 2003 年 3 月 1 日正式实施。

本标准规定了室内空气质量参数及检验方法。

本标准适用于住宅和办公建筑物，其他室内环境可参照本标准执行。

一、术语和定义

（一） 室内空气质量参数

室内空气质量参数（indoor air quality parameter）指室内空气中与人体健康有关的物理、化学、生物和放射性参数。

（二） 可吸入颗粒物

可吸入颗粒物（particles with diameters of 10 μm or less，PM_{10}）是指悬浮在空气中，空气动力学当量直径小于或等于 10 μm 的颗粒物。

（三） 总挥发性有机化合物

利用 Tenax GC 或 Tenax TA 采样，非极性色谱柱（极性指数小于 10）进行分析，保留时间在正己烷和正十六烷之间的挥发性有机化合物，叫作总挥发性有机化合物（total volatile organic compounds，TVOC）。

（四）标准状态

标准状态（normal state）是指温度为 273 K、压力为 101.325 kPa 时的干物质状态。

（五）室内空气质量

室内空气应无毒、无害、无异常气味。室内空气质量标准见表 4-1。

表 4-1 室内空气质量标准

序号	参数类别	参数名称	参数单位	标准值	备注
1	物理性	温度	℃	22～28	夏季空调
				16～24	冬季采暖
2		相对湿度	%	40～80	夏季空调
				30～60	冬季采暖
3		空气流速	m/s	0.3	夏季空调
				0.2	冬季采暖
4		新风量	立方米/（时·人）	30[①]	—
5	化学性	二氧化硫（SO_2）	mg/m^3	0.50	1 h 均值
6		二氧化氮（NO_2）	mg/m^3	0.24	1 h 均值
7		一氧化碳（CO）	mg/m^3	10	1 h 均值
8		二氧化碳（CO_2）	%	0.10	日平均值
9		氨（NH_3）	mg/m^3	0.20	1 h 均值
10		臭氧（O_3）	mg/m^3	0.16	1 h 均值
11		甲醛（HCHO）	mg/m^3	0.10	1 h 均值

续上表

序号	参数类别	参数名称	参数单位	标准值	备注
12	化学性	苯（C_6H_6）	mg/m³	0.11	1 h 均值
13		甲苯（C_7H_8）	mg/m³	0.20	1 h 均值
14		二甲苯（C_8H_{10}）	mg/m³	0.20	1 h 均值
15		苯并［a］芘［B(a)P］	ng/m³	1.0	日平均值
16		可吸入颗粒物（PM_{10}）	mg/m³	0.15	日平均值
17		总挥发性有机物（TVOC）	mg/m³	0.60	8 h 均值
18	生物性	菌落总数	cfu/m³	2500	依据仪器定[2]
19	放射性	氡（^{222}Rn）	Bq/m³	400	年平均值（行动水平）[3]

注：①新风量要求大于或等于标准值，除温度、相对湿度外的其他参数要求小于或等于标准值。

②见《室内空气质量标准》中的附录 D。

③达到此水平建议采取干预行动，以降低室内氡浓度。

二、室内空气监测技术导则

室内空气监测技术导则规定了室内空气监测时的选点要求、采样时间和频率、采样方法和仪器、室内空气中各种参数的检测方法、质量保证措施、测试结果和评价。

（一）选点要求

（1）采样点的数量。采样点的数量根据监测室内面积大小和现场情况而确定，以期能正确反映室内空气污染物的水平。原则上小于 50 m² 的房间应设 1～3 个点；50～100 m² 设 3～5 个点；100 m² 以上至少设 5 个点。在对角线上或梅花式均匀分布。

（2）采样点应避开通风口，离墙壁距离应大于 0.5 m。

（3）采样点的高度。原则上与人的呼吸带高度相一致。相对高度在 0.5～1.5 m 之间。

（二）采样时间和频率

测算年平均浓度须至少采样 3 个月，日平均浓度至少采样 18 h，8 h 平均浓度至少采样 6 h，1 h 平均浓度至少采样 45 min。采样时间应涵盖通风最差的时间段。

（三）采样方法和采样仪器

根据污染物在室内空气中的存在状态，选用合适的采样方法和仪器，用于室内的采样器的噪声应小于 50 dB（A）。具体采样方法应按各个污染物检验方法中规定的方法和操作步骤进行。

（1）筛选法采样：采样前关闭门窗 12 h，采样时关闭门窗，至少采样 45 min。

（2）累积法采样：当采用筛选法采样达不到本标准要求时，必须采用累积法（按年平均、日平均、8 h 平均值）的要求采样。

（四）质量保证措施

（1）气密性检查。有动力采样器的，在采样前应对采样系统的气密性进行检查，不得漏气。

（2）流量校准。采样系统流量要能保持恒定，采样前和采样后要用一级皂膜计校准采样系统进气流量，误差不超过 5%。

采样器流量校准。在采样器正常使用的状态下，用一级皂膜计校准采样器流量计的刻度，校准 5 个点，绘制流量标准曲线。记录校准时的大气压力和温度。

（3）空白检验。在一批现场采样中，应留有两个采样管不采样，并同其他样品管一样对待，作为采样过程中的空白检验。若空白检验超过控制范围，则这批样品作废。

（4）仪器使用前，应按仪器说明书对仪器进行检验和标定。

（5）在计算浓度时应用下式将采样体积换算成标准状态下的体积：

$$V_0 = V \frac{T_0}{T} \cdot \frac{P}{P_0}$$

式中：V_0——换算成标准状态下的采样体积，L；

V——采样体积，L；

T_0——标准状态的绝对温度，273 K；

T——采样时采样点现场的温度（t）与标准状态的绝对温度之和，（$t+273$）K；

P_0——标准状态下的大气压力，101.3 kPa；

P——采样时采样点的大气压力，kPa。

（6）每次平行采样，测定之差与平均值比较的相对偏差不超过20%。

（五）检测方法

室内空气中各种参数的检测方法见表4-2。

表4-2　检测方法

序号	参数	检验方法	来源
1	二氧化硫（SO_2）	甲醛溶液吸收——盐酸副玫瑰苯胺分光光度法	1. GB/T 16128—1995 2. GB/T 15262—1994
2	二氧化氮（NO_2）	改进的 Saltzaman 法	1. GB 12372—1990 2. GB/T 15435—1995
3	一氧化碳（CO）	（1）非分散红外法； （2）不分光红外线气体分析法、气相色谱法、汞置换法	1. GB 9801—1998 2. GB/T 18204.23—2014
4	二氧化碳（CO_2）	（1）不分光红外线气体分析法； （2）气相色谱法； （3）容量滴定法	GB/T 18204.24—2014

续上表

序号	参数	检验方法	来源
5	氨（NH_3）	（1）靛酚蓝分光光度法、纳氏试剂分光光度法； （2）离子选择电极法； （3）次氯酸钠－水杨酸分光光度法	1. GB/T 18204.25—2014 2. GB/T 14668—1993 3. GB/T 14669—1993 4. GB/T 14679—1993
6	臭氧（O_3）	（1）紫外光度法； （2）靛蓝二磺酸钠分光光度法	1. GB/T 15438—1995 2. GB/T 18204.27—2014 3. GB/T 15437—1995
7	甲醛（HCHO）	（1）AHMT 分光光度法； （2）酚试剂分光光度法、气相色谱法； （3）乙酰丙酮分光光度法	1. GB/T 16129—1995 2. GB/T 18204.26—2014 3. GB/T 15516—1995
8	苯（C_6H_6）	气相色谱法	1. GB/T 18883—2002 附录 B 2. GB 11737—1989
9	甲苯（C_7H_8） 二甲苯（C_8H_{10}）	气相色谱法	1. GB 11737—1989 2. GB 14677—1993
10	苯并［a］芘［B（a）P］	高效液相色谱法	GB/T 15439—1995
11	可吸入颗粒物（PM_{10}）	撞击式称重法	GB/T 17095—1997
12	总挥发性有机化合物（TVOC）	气相色谱法	GB/T 18883—2002 附录 C

续上表

序号	参数	检验方法	来源
13	菌落总数	撞击法	GB/T 18883—2002 附录 D
14	温度	(1) 玻璃液体温度计法； (2) 数显示温度计法	GB/T 18204.14—2014
15	相对湿度	(1) 通风干湿表法； (2) 氯化锂湿度计法； (3) 电容式数字湿度计法	GB/T 18204.13—2014
16	空气流速	(1) 热球式电风速计法； (2) 数字式风速表法	GB/T 18204.15—2014
17	新风量	示踪气体法	GB/T 18204.18—2014
18	氡（^{222}Rn）	(1) 空气中氡浓度的闪烁瓶测量方法； (2) 径迹蚀刻法； (3) 双滤膜法； (4) 活性炭盒法	1. GB/T 14582—1993 2. GB/T 16147—1995

（六）记录

采样时要对现场情况，各种污染源，采样日期、时间、地点、数量、布点方式、大气压力、气温、相对湿度、空气流速及采样者签字等进行详细记录，随样品一同报到实验室。

检验时应对检验日期、实验室、仪器和编号、分析方法、检验依据、实验条件、原始数据、测试人、校核人等进行详细记录。

（七）测试结果和评价

测试结果以平均值表示，化学性、生物性和放射性指标平均值符合标准值要求时，为符合本标准。如有一项检验结果未达到本标准要求，则为不符合本标准。

要求年平均、日平均、8 h 平均值的参数，可以先做筛选采样检验；若检验结果符合标准值要求，为符合本标准；若筛选采样检验结果不符合标准值要求，则必须按年平均、日平均、8 h 平均值的要求，用累积采样检验结果评价。

第三节 《民用建筑工程室内环境污染控制标准》（GB 50325—2020）解析

2020 年 1 月 16 日，中华人民共和国住房和城乡建设部、国家市场监督管理总局联合发布《民用建筑工程室内环境污染控制标准》（GB 50325—2020），并于 2020 年 8 月 1 日正式实施，原《民用建筑工程室内环境污染控制规范》（GB 50325—2010）同时废止。该标准对随着技术进步出现的新技术与检测过程中出现的新问题进行了修订。该标准从我国室内环境现状出发，参照国际标准，结合技术发展与设备条件，形成了一个比较完整的室内污染控制和评价标准体系，对于保护消费者的身体健康，发展我国室内环境事业具有重要的意义。

一、本标准修订的主要技术内容

（1）室内空气中污染物增加了甲苯和二甲苯。

《民用建筑工程室内环境污染控制规范》［GB 50325—2010（2013 年版）］［以下简称"GB 50325—2010（2013 年版）"］中室内空气污染物有 5 种（氡、甲醛、苯、氨、TVOC），本标准在 GB 50325—2010（2013 年版）的基础上增加了甲苯和二甲苯，合计

7 种。

（2）细化了装修装饰材料分类，并对部分材料的污染物含量（释放量）限量及测定方法进行了调整。

（3）保留了人造木板甲醛释放量测定的环境测试舱法和干燥器法。

（4）对室内装修装饰设计提出了污染控制预评估要求及材料选用具体要求。

（5）对自然通风的Ⅰ类民用建筑的最低通风换气次数提出具体要求。

（6）完善了建筑物综合防氡措施。

（7）对幼儿园、学校教室、学生宿舍等装修装饰提出了更加严格的污染控制要求。

本标准6.0.14条规定，幼儿园、学校教室、学生宿舍、老年人照料房屋设施室内装修装饰验收时，室内空气中氡、甲醛、氨、苯、甲苯、二甲苯、TVOC 的抽检量不得少于房间总数的50%，且不得少于20间。当房间总数不大于20间时，应全数检测。

（8）明确了室内空气氡浓度检测方法。

GB 50325—2010（2013 年版）只对氡浓度检测方法的测量结果不确定度和探测下限有要求，并没有明确可以选用哪些检测方法。本标准中明确了民用建筑室内空气中氡浓度检测宜采用泵吸静电收集能谱分析法、泵吸闪烁室法、泵吸脉冲电离室法、活性炭盒-低本底多道 γ 谱仪法。

（9）重新确定了室内空气中污染物浓度限量值。

（10）增加了苯系物及 TVOC 的 T-C 复合吸附管取样检测方法，进一步完善并细化了室内空气污染物取样测量要求。

本标准中以黑体字标志的条文为强制性条文，必须严格执行。

二、标准总则

1）为了预防和控制民用建筑工程中主体材料和装修装饰材料产生的室内环境污染，保障公众健康，维护公共利益，做到技术先进、经济合理，制定本标准。

2）本标准适用于新建、扩建和改建的民用建筑工程室内环境污染控制。

3）本标准控制的室内环境污染物包括氡、甲醛、氨、苯、甲苯、二甲苯和总挥发性有机化合物（TVOC）。

4）民用建筑工程的划分应符合下列规定：

（1）Ⅰ类民用建筑应包括住宅、居住功能公寓、医院病房、老年人照料房屋设施、幼儿园、学校教室、学生宿舍等。

（2）Ⅱ类民用建筑应包括办公楼、商店、旅馆、文化娱乐场所、书店、图书馆、展览馆、体育馆、公共交通等候室、餐厅等。

5）民用建筑工程所选用的建筑主体材料和装修装饰材料应符合本标准的有关规定。

6）民用建筑室内环境污染控制除应符合本标准的规定外，还应符合国家现行有关标准的规定。

三、术语和符号

（一）术语

1. 民用建筑工程

民用建筑工程（civil building engineering），是新建、扩建和改建的民用建筑结构工程和装修装饰工程的统称。

2．环境测试舱

环境测试舱（environmental test chamber），是指模拟室内环境测试装修装饰材料化学污染物释放量的设备。

3．表面氡析出率

表面氡析出率（radon exhalation rate from the surface），是指单位面积、单位时间土壤或材料表面析出的氡的放射性活度。

4．内照射指数

内照射指数（I_{Ra}）（internal exposure index），是指建筑主体材料和装修装饰材料中天然放射性核素镭－226 的放射性比活度，除以比活度限量值 200 而得的商。

5．外照射指数

外照射指数（I_γ）（external exposure index），是指建筑主体材料和装修装饰材料中天然放射性核素镭－226、钍－232、和钾－40的放射性比活度，分别除以比活度限量值 370、260、4200 而得的商之和。

6．氡浓度

氡浓度（radon concentration），是指单位体积空气中氡的放射性活度。

7．人造木板

人造木板（wood-based panels），是指以木材或非木材植物纤维为主要原料，加工成各种材料单元，施加（或不施加）胶粘剂和其他添加剂，组坯胶合而成的板材或成型制品。人造木板主要包括胶合板、纤维板、刨花板及一些家具表面的装饰板等产品。

8. 木塑制品

木塑制品（wood-plastic composite products），是指由木质纤维材料与热塑性高分子聚合物按一定比例制成的产品。主要包括木塑地板、木塑装饰板、木塑门等。

9. 水性处理剂

水性处理剂（waterbased treatment agents），是指以水作为稀释剂，能浸入建筑主体材料和装修装饰材料内部，提高其阻燃、防水、防腐等性能的液体。

10. 本体型胶粘剂

本体型胶粘剂（bulk construction adhesive），是指溶剂含量或者水含量占胶体总质量在5%以内的胶粘剂。

11. 空气中总挥发性有机化合物的量

空气中总挥发性有机化合物的量（total volatile organic compounds），是指在本标准规定的检测条件下，所测得空气中挥发性有机化合物的总量，简称 TVOC。

12. 材料中挥发性有机化合物的量

材料中挥发性有机化合物的量（volatile organic compound），是指在本标准规定的检测条件下所测得材料中挥发性有机化合物的总量，简称 VOC。

13. 装修装饰材料使用量负荷比

装修装饰材料使用量负荷比（decorate material loading factor），是指在室内装修装饰时，所使用的装修装饰材料总暴露面积与房间净空间容积之比。

（二）符号

f_i—— 第 i 种材料在材料总用量中所占的质量百分比。

I_{Ra}——内照射指数。

I_{γ}——外照射指数。

I_{Rai}——第 i 种材料的内照射指数。

$I_{\gamma i}$——第 i 种材料的外照射指数。

四、材料

（一）无机非金属建筑主体材料和装修装饰材料

（1）民用建筑工程所使用的砂、石、砖、实心砌块、水泥、混凝土、混凝土预制构件等无机非金属建筑主体材料，其放射性限量应符合现行国家标准《建筑材料放射性核素限量》（GB 6566—2010）的规定。

（2）民用建筑工程所使用的石材、建筑卫生陶瓷、石膏制品、无机粉黏结材料等无机非金属装修装饰材料，其放射性限量应分类符合现行国家标准《建筑材料放射性核素限量》（GB 6566—2010）的规定。

（3）当民用建筑工程使用加气混凝土制品和空心率（孔洞率）大于25%的空心砖、空心砌块等建筑主体材料时，其放射性限量应符合表4-3的规定。

表4-3　加气混凝土制品和空心率（孔洞率）大于25%的
建筑主体材料放射性限量

测定项目	限量
表面氡析出率/$[Bq \cdot (m^2 \cdot s)^{-1}]$	≤0.015
内照射指数（I_{Ra}）	≤1.0
外照射指数（I_{γ}）	≤1.3

（4）主体材料和装修装饰材料放射性核素的测定方法应符合现行国家标准《建筑材料放射性核素限量》（GB 6566—2010）的有关规定，表面氡析出率的测定方法应符合本标准附录 A 的规定。

（二）人造木板及其制品

（1）民用建筑工程室内用人造木板及其制品应测定游离甲醛释放量。

（2）人造木板及其制品可采用环境测试舱法或干燥器法测定甲醛释放量，当发生争议时应以环境测试舱法的测定结果为准。

（3）环境测试舱法测定的人造木板及其制品的游离甲醛释放量不应大于 0.124 mg/m^3，测定方法应按《人造板及饰面人造板理化性能试验方法》（GB/T 17657—2013）附录 B 执行。

（4）干燥器法测定的人造木板及其制品的游离甲醛释放量不应大于 1.5 mg/L，测定方法应符合现行国家标准《人造板及饰面人造板理化性能试验方法》（GB/T 17657—2013）的规定。

（三）涂料

（1）民用建筑工程室内用水性装饰板涂料、水性墙面涂料、水性墙面腻子的游离甲醛限量，应符合现行国家标准《建筑用墙面涂料中有害物质限量》（GB18582—2013）的规定。

（2）民用建筑工程室内用其他水性涂料和水性腻子，应测定游离甲醛的含量，其限量应符合表 4-4 的规定，其测定方法应符合现行国家标准《水性涂料中甲醛含量的测定 乙酰丙酮分光光度法》（GB/T 23993—2013）的规定。

表4-4 室内用其他水性涂料和水性腻子中游离甲醛限量

测定项目	限量	
	其他水性涂料	其他水性腻子
游离甲醛/（mg·kg^{-1}）	≤100	

（3）民用建筑工程室内用溶剂型装饰板涂料的 VOC 和苯、甲苯＋二甲苯＋乙苯限量，应符合现行国家标准《建筑用墙面涂料中有害物质限量》（GB 18582—2020）的规定；溶剂型木器涂料和腻子的 VOC 以及苯、甲苯＋二甲苯＋乙苯限量，应符合现行国家标准《木器涂料中有害物质限量》（GB 18581—2019）的规定；溶剂型地坪涂料的 VOC 和苯、甲苯＋二甲苯＋乙苯限量，应符合现行国家标准《室内地坪涂料中有害物质限量》（GB 38468—2019）的规定。

（4）民用建筑工程室内用酚醛防锈涂料、防水涂料、防火涂料及其他溶剂型涂料，应按其规定的最大稀释比例混合后，测定 VOC 和苯、甲苯＋二甲苯＋乙苯的含量，其限量均应符合表 4－5 中的规定；VOC 含量测定方法应符合现行国家标准《色漆和清漆　挥发性有机化合物（VOC）含量的测定　差值法》（GB/T 23985—2009）的规定，苯、甲苯＋二甲苯＋乙苯含量测定方法应符合现行国家标准《涂料中苯、甲苯、乙苯和二甲苯含量的测定　气相色谱法》（GB/T 23990—2009）的规定。

表 4－5　室内用酚醛防锈涂料、防水涂料、防火涂料及
其他溶剂型涂料中 VOC、苯、甲苯＋二甲苯＋乙苯限量

涂料名称	VOC/$(g \cdot L^{-1})$	苯/%	（甲苯＋二甲苯＋乙苯）/%
酚醛防锈涂料	≤270	≤0.3	—
防水涂料	≤750	≤0.2	≤40
防火涂料	≤500	≤0.1	≤10
其他溶剂型涂料	≤600	≤0.3	≤30

（5）民用建筑工程室内用聚氨酯类涂料和木器用聚氨酯类腻子中的 VOC、苯、甲苯＋二甲苯＋乙苯、游离二异氰酸酯（TDI＋HDI）限量，应符合现行国家标准《木器涂料中有害物质限量》（GB 18581—2009）的规定。

（四）胶粘剂

（1）民用建筑工程室内用水性胶粘剂的游离甲醛限量，应符合现行国家标准《建筑胶粘剂有害物质限量》（GB 30982—2014）的规定。

（2）民用建筑工程室内用水性胶粘剂、溶剂型胶粘剂、本体型胶粘剂的 VOC 限量，应符合现行国家标准《胶粘剂挥发性有机化合物限量》（GB/T 33372—2020）的规定。

（3）民用建筑工程室内用溶剂型胶粘剂、本体型胶粘剂的苯、甲苯+二甲苯、游离甲苯二异氰酸酯（TDI）限量，应符合现行国家标准《建筑胶粘剂有害物质限量》（GB 30982—2014）的规定。

（五）水性处理剂

（1）民用建筑工程室内用水性阻燃剂（包括防火涂料）、防水剂、防腐剂、增强剂等水性处理剂，应测定游离甲醛的含量，其限量不应大于 100 mg/kg。

（2）水性处理剂中游离甲醛含量的测定方法，应按现行国家标准《水性涂料中甲醛含量的测定　乙酰丙酮分光光度法》（GB/T 23993—2009）规定的方法进行。

（六）其他材料

（1）民用建筑工程中所使用的混凝土外加剂，氨的释放量不应大于 0.10%，氨释放量测定方法应符合现行国家标准《混凝土外加剂中释放氨的限量》（GB 18588—2008）的有关规定。

（2）民用建筑工程中所使用的能释放氨的阻燃剂、防火涂料、水性建筑防水涂料氨的释放量不应大于 0.50%，测定方法宜符合现行行业标准《建筑防火涂料有害物质限量及检测方法》（JG/T 415—2013）的有关规定。

（3）民用建筑工程中所使用的能释放甲醛的混凝土外加剂中，

残留甲醛的量不应大于 500 mg/kg，测定方法应符合现行国家标准《混凝土外加剂中残留甲醛的限量》（GB 31040—2014）的有关规定。

（4）民用建筑室内使用的黏合木结构材料，游离甲醛释放量不应大于 0.124 mg/m³，其测定方法应符合《混凝土外加剂中残留甲醛的限量》（GB 31040—2014）附录 B 的有关规定。

（5）民用建筑室内用帷幕、软包等游离甲醛释放量不应大于 0.124 mg/m³，其测定方法应符合《混凝土外加剂中残留甲醛的限量》（GB 31040—2014）附录 B 的有关规定。

（6）民用建筑室内用墙纸（布）中游离甲醛含量限量应符合表 4-6 的有关规定，其测定方法应符合现行国家标准《室内装饰装修材料　壁纸中有害物质限量》（GB 18585—2018）的规定。

表 4-6　室内用墙纸（布）中游离甲醛限量

测定项目	限量		
	无纺墙纸	纺织面墙纸（布）	其他墙纸（布）
游离甲醛/（mg·kg⁻¹）	≤120	≤60	≤120

（7）民用建筑室内用聚氯乙烯卷材地板、木塑制品地板、橡塑类铺地材料中挥发物含量测定方法应符合现行国家标准《室内装饰装修材料　聚氯乙烯卷材地板中有害物质限量》（GB 18586—2019）的规定，其限量应符合表 4-7 的有关规定。

表 4-7　聚氯乙烯卷材地板、木塑制品地板、橡塑类铺地材料中挥发物限量

名称		限量/(g·m⁻³)
聚氯乙烯卷材地板（发泡类）	玻璃纤维基材	≤75
	其他基材	≤35

续上表

名称		限量/($g \cdot m^{-3}$)
聚氯乙烯卷材地板（非发泡类）	玻璃纤维基材	≤40
	其他基材	≤10
木塑制品地板（基材发泡）		≤75
木塑制品地板（基材不发泡）		≤40
橡塑类铺地材料		≤50

（8）民用建筑室内用地毯、地毯衬垫中 VOC 和游离甲醛的释放量测定方法应符合《室内装饰装修材料　聚氯乙烯卷材地板中有害物质限量》（GB 18586—2019）附录 B 的有关规定，其限量应符合表4－8 的规定。

表4－8　地毯、地毯衬垫中 VOC 和游离甲醛释放限量

名称	测定项目	限量/$[mg \cdot (m^2 \cdot h)^{-1}]$
地毯	VOC	≤0.500
	游离甲醛	≤0.050
地毯衬垫	VOC	≤1.000
	游离甲醛	≤0.050

（9）民用建筑室内用壁纸胶、基膜的墙纸（布）胶粘剂中游离甲醛、苯＋甲苯＋乙苯＋二甲苯、VOC 的限量应符合表4－9 的有关规定，游离甲醛含量测定方法应符合现行国家标准《建筑胶粘剂有害物质限量》（GB 30982—2014）的规定；苯＋甲苯＋乙苯＋二甲苯测定方法应符合现行国家标准《建筑胶粘剂有害物质限量》（GB 30982—2014）的规定；VOC 含量的测定方法应符合现行国家标准《胶粘剂挥发性有机化合物限量》（GB/T 33372—2020）的规定。

表 4-9　室内用墙纸（布）胶粘剂中游离甲醛、
苯+甲苯+乙苯+二甲苯、VOC 限量

测定项目	限量	
	壁纸胶	基膜
游离甲醛/$(mg \cdot kg^{-1})$	≤100	≤100
(苯+甲苯+乙苯+二甲苯)/$(g \cdot kg^{-1})$	≤10	≤0.3
VOC/$(g \cdot L^{-1})$	≤350	≤120

五、工程勘察设计

（一）一般规定

（1）新建、扩建的民用建筑工程，设计前应对建筑工程所在城市区域土壤中氡浓度或土壤表面氡析出率进行调查，并提交相应的调查报告。未进行过区域土壤中氡浓度或土壤表面氡析出率测定的，应对建筑场地土壤中氡浓度或土壤氡析出率进行测定，并提供相应的检测报告。

（2）民用建筑室内装修装饰设计应有污染控制措施，应进行装修装饰设计污染控制预评估，控制装修装饰材料使用量负荷比和材料污染物释放量，采用装配式装修等先进技术，装修装饰制品、部件宜工厂加工制作、现场安装。

（3）民用建筑室内通风设计应符合现行国家标准《民用建筑设计统一标准》（GB 50352—2012）的有关规定；采用集中空调的民用建筑工程，新风量应符合现行国家标准《民用建筑供暖通风与空气调节设计规范》（GB 50736—2012）的有关规定。

（4）夏热冬冷地区、严寒及寒冷地区等采用自然通风的Ⅰ类民用建筑最小通风换气次数不应低于 0.5 次/时，必要时应采取机械通风换气措施。

（二）工程地点土壤中氡浓度调查及防氡

（1）新建、扩建的民用建筑工程的工程地质勘察资料，应包括工程所在城市区域土壤氡浓度或土壤表面氡析出率测定历史资料及土壤氡浓度或土壤表面氡析出率平均值数据。

（2）已进行过土壤中氡浓度或土壤表面氡析出率区域性测定的民用建筑工程，当土壤氡浓度测定结果平均值不大于 10000 Bq/m^3 或土壤表面氡析出率测定结果平均值不大于 0.02 $Bq/(m^2 \cdot s)$，且工程场地所在地点不存在地质断裂构造时，可不再进行土壤氡浓度测定；其他情况均应进行工程场地土壤氡浓度或土壤表面氡析出率测定。

（3）当民用建筑工程土壤氡浓度平均值不大于 20000 Bq/m^3 或土壤表面氡析出率不大于 0.05 $Bq/(m^2 \cdot s)$ 时，可不采取防氡工程措施。

（4）当民用建筑工程场地土壤氡浓度测定结果大于 20000 Bq/m^3 且小于 30000 Bq/m^3，或土壤表面氡析出率大于 0.05 $Bq/(m^2 \cdot s)$ 且小于 0.10 $Bq/(m^2 \cdot s)$ 时，应采取建筑物底层地面抗开裂措施。

（5）当民用建筑工程场地土壤氡浓度测定结果不小于 30000 Bq/m^3 且小于 50000 Bq/m^3，或土壤表面氡析出率不小于 0.10 $Bq/(m^2 \cdot s)$ 且小于 0.30 $Bq/(m^2 \cdot s)$ 时，除采取建筑物底层地面抗开裂措施外，还必须按现行国家标准《地下工程防水技术规范》（GB 50108—2018）中的一级防水要求，对基础进行处理。

（6）当民用建筑工程场地土壤氡浓度平均值不小于 50000 Bq/m^3 或土壤表面氡析出率平均值不小于 0.30 $Bq/(m^2 \cdot s)$ 时，应采取建筑物综合防氡措施。

（7）当 I 类民用建筑工程场地土壤中氡浓度平均值不小于 50000 Bq/m^3，或土壤表面氡析出率不小于 0.30 $Bq/(m^2 \cdot s)$ 时，应进行工程场地土壤中的镭－226、钍－232、钾－40 比活度测定。当土壤内照射指数（I_{Ra}）大于 1.0 或外照射指数（I_γ）大于 1.3 时，工程场地土壤不得作为工程回填土使用。

（8）民用建筑工程场地土壤中氡浓度测定方法及土壤表面氡析出率测定方法应符合本标准附录 C 的规定。

（三）材料选择

（1）Ⅰ类民用建筑室内装修装饰采用的无机非金属装修装饰材料放射性限量必须满足现行国家标准《建筑材料放射性核素限量》（GB 6566—2010）规定的 A 类要求。

（2）Ⅱ类民用建筑宜采用放射性符合 A 类要求的无机非金属装修装饰材料；当 A 类和 B 类无机非金属装修装饰材料混合使用时，每种材料的使用量应按下列公式计算：

$$\sum f_i \cdot I_{Rai} \leqslant 1.0$$

$$\sum f_i \cdot I_{\gamma i} \leqslant 1.3$$

式中：f_i——第 i 种材料在材料总用量中所占的质量百分比（%）。

I_{Rai}——第 i 种材料的内照射指数。

$I_{\gamma i}$——第 i 种材料的外照射指数。

（3）民用建筑室内装修装饰采用的人造木板及其制品、涂料、胶粘剂、水性处理剂、混凝土外加剂、墙纸（布）、聚氯乙烯卷材地板、地毯等材料的有害物质释放量或含量，应符合本标准第 3 章相关规定。

（4）民用建筑室内装修装饰时，不应采用聚乙烯醇水玻璃内墙涂料、聚乙烯醇缩甲醛内墙涂料和树脂以硝化纤维素为主、溶剂以二甲苯为主的水包油型（O/W）多彩内墙涂料。

（5）民用建筑室内装修装饰时，不应采用聚乙烯醇缩甲醛类胶粘剂。

（6）民用建筑室内装修装饰中所使用的木地板及其他木质材料，严禁采用沥青、煤焦油类防腐、防潮处理剂。

（7）Ⅰ类民用建筑室内装修装饰粘贴塑料地板时，不应采用溶剂型胶粘剂。

（8）Ⅱ类民用建筑中地下室及不与室外直接自然通风的房间粘贴塑料地板时，不宜采用溶剂型胶粘剂。

（9）民用建筑工程中，外墙采用内保温系统时，应选用环保性能好的保温材料，表面应封闭严密，且不应在室内装修装饰工程中采用脲醛树脂泡沫材料作为保温、隔热和吸声材料。

六、工程施工

（一）一般规定

（1）材料进场前应按设计要求及本标准的有关规定，对建筑主体材料和装修装饰材料的污染物释放量或含量进行抽查复验。

（2）装修装饰材料污染物释放量或含量抽查复验组批要求应符合表 4 – 10 的规定。

表 4 –10　装修装饰材料抽查复验组批要求

材料名称	组批要求
天然花岗岩石材和瓷质砖	当同一产地、同一品种产品使用面积大于 200 m^2 时需进行复验，组批按同一产地、同一品种每 5000 m^2 为一批，不足 5000 m^2 按一批计
人造木板及其制品	当同一厂家、同一品种、同一规格产品使用面积大于 500 m^2 时需进行复验，组批按同一厂家、同一品种、同一规格每 5000 m^2 为一批，不足 5000 m^2 按一批计
水性涂料和水性腻子	组批按同一厂家、同一品种、同一规格产品每 5 t 为一批，不足 5 t 按一批计
溶剂型涂料和木器用溶剂型腻子	木器聚氨酯涂料，组批按同一厂家产品以甲组分，每 5 t 为一批，不足 5 t 按一批计
	其他涂料腻子组批按同一厂家、同一品种、同一规格产品每 5 t 为一批，不足 5 t 按一批计

续上表

材料名称	组批要求
室内防水涂料	反应型聚氨酯涂料,组批按同一厂家、同一品种、同一规格产品每5t为一批,不足5t按一批计
	聚合物水泥防水涂料,组批按同一厂家产品每10 t为一批,不足10 t按一批计
	其他涂料,组批按同一厂家、同一品种、同一规格产品每5 t为一批,不足5 t按一批计
水性胶粘剂	聚氨酯类胶粘剂组批按同一厂家以甲组分,每5 t为一批,不足5 t按一批计
	聚乙酸乙烯酯胶粘剂、橡胶类胶粘剂、VAE乳液类胶粘剂、丙烯酸酯类胶粘剂等,组批按同一厂家、同一品种、同一规格产品,每5 t为一批,不足5 t按一批计
溶剂型胶粘剂	聚氨酯类胶粘剂组批按同一厂家以甲组分,每5 t为一批,不足5 t按一批计
	氯丁橡胶胶粘剂、SBS胶粘剂、丙烯酸酯类胶粘剂等,组批按同一厂家、同一品种、同一规格产品每5 t为一批,不足5 t按一批计
本体型胶粘剂	环氧类(A组分)胶粘剂组批按同一厂家以A组分,每5 t为一批,不足5 t按一批计
	有机硅类胶粘剂(含MS)等组批按同一厂家、同一品种、同一规格产品每5 t为一批,不足5 t按一批计
水性阻燃剂、防水剂和防腐剂等水性处理剂	组批按同一厂家、同一品种、同一规格产品每5 t为一批,不足5 t按一批计
防火涂料	组批按同一厂家、同一品种、同一规格产品每5 t为一批,不足5 t按一批计

（3）当建筑主体材料和装修装饰材料进场检验，发现不符合设计要求及本标准的有关规定时，不得使用。

（4）施工单位应按设计要求及本标准的有关规定进行施工，不得擅自修改设计文件要求，当需要修改时，应经原设计单位确认后按施工变更程序有关规定进行。

（5）民用建筑室内装修装饰当多次重复使用同一装修装饰设计时，宜先做样板间，并对其室内环境污染物浓度进行检测。

（6）样板间室内环境污物浓度检测方法，应符合上述标准第6章有关规定。当检测结果不符合本标准的规定时，应查找原因并采取改进措施。

（二）材料进场检验

（1）民用建筑工程采用的无机非金属建筑主体材料和建筑装修装饰材料进场时，施工单位应查验其放射性指标检测报告。

（2）民用建筑室内装修装饰中采用的天然花岗岩石材或瓷质砖使用面积大于 200 m^2 时，应对不同产品、不同批次材料分别进行放射性指标的抽查复验。

（3）民用建筑室内装修装饰中所采用的人造木板及其制品进场时，施工单位应查验其游离甲醛释放量检测报告。

（4）民用建筑室内装修装饰中采用的人造木板面积大于 500 m^2 时，应对不同产品、不同批次材料的游离甲醛释放量分别进行抽查复验。

（5）民用建筑室内装修装饰中所采用的水性涂料、水性处理剂进场时、施工单位应查验其同批次产品的游离甲醛含量检测报告；溶剂型涂料进场时、施工单位应查验其同批次产品的 VOC、苯、甲苯 + 二甲苯、乙苯含量检测报告，其中含聚氨酯类的应有游离二异氰酸酯（TDI + HDI）含量检测报告。

（6）民用建筑室内装修装饰中所采用的水性胶粘剂进场时，施工单位应查验其同批次产品的游离甲醛含量和 VOC 检测报告；溶剂型、本体型胶粘剂进场时，施工单位应查验其同批次产品的苯、甲苯＋二甲苯、VOC 含量检测报告，其中含聚氨酯类的应有游离甲苯二异氰酸酯（TDI）含量检测报告。

（7）民用建筑室内装修装饰中所采用的壁纸（布）应有同批次产品的游离甲醛含量检测报告，并应符合设计要求和本标准的规定。

（8）建筑主体和装修装饰材料的检测项目不全或对检测结果有疑问时，应对材料进行检验，检验合格后方可使用。

（9）进行幼儿园、学校教室、学生宿舍等民用建筑室内装修装饰时，应对不同产品、不同批次的人造木板及其制品的甲醛释放量和涂料、橡塑类合成材料的挥发性有机化合物释放量进行抽查复验，并应符合本标准的规定。

（三）施工要求

（1）采取防氡设计措施的民用建筑工程，其地下工程的变形缝、施工缝、穿墙管（盒）、埋设件、预留孔洞等特殊部位的施工工艺，应符合现行国家标准《地下工程防水技术规范》（GB 50108—2018）的有关规定。

（2）Ⅰ类民用建筑工程，当采用异地土作为回填土时，该回填土应进行镭－226、钍－232、钾－40 的比活度测定，且回填土内照射指数（I_{Ra}）不应大于 1.0、外照射指数（I_γ）不应大于 1.3。

（3）民用建筑室内装修装饰，严禁使用苯、工业苯、石油苯、重质苯及混苯等含苯稀释剂和溶剂。

（4）进行民用建筑室内装修装饰时，施工现场应减少溶剂型涂料作业，减少施工现场湿作业、扬尘作业、高噪声作业等污染性施工，不应使用苯、甲苯、二甲苯和汽油进行除油和清除旧涂层作业。

（5）涂料、胶粘剂、水性处理剂、稀释剂和溶剂等使用后，应及时封闭存放，废料应及时清出。

（6）民用建筑室内装修装饰严禁使用有机溶剂清洗施工用具。

（7）供暖地区的民用建筑工程，室内装修装饰施工不宜在供暖期内进行。

（8）轻质隔墙、涂饰工程、裱糊与软包、门窗、饰面板、吊顶等装修装饰施工时，应注意防潮，避免覆盖局部潮湿区域。

（9）民用建筑室内装修装饰施工时，空调冷凝水排放应符合现行国家标准《民用建筑供暖通风与空气调节设计规范》（GB 50736—2012）的规定。

（10）使用中的民用建筑进行装修装饰施工时，在没有采取有效防止污染措施的情况下，不得采用溶剂型涂料进行施工。

七、验收

1）民用建筑工程及室内装修装饰工程的室内环境质量验收，应在工程完工不少于 7 d 后、工程交付使用前进行。

2）民用建筑工程竣工验收时，应检查下列资料：

（1）工程地质勘测报告、工程地点土壤中氡浓度或氡析出率检测报告、高土壤氡工程地点土壤天然放射性核素镭 – 226、钍 – 232、钾 – 40 含量检测报告。

（2）涉及室内新风量的设计、施工文件，以及新风量检测报告。

（3）涉及室内环境污染控制的施工图设计文件及工程设计变更文件。

（4）建筑主体材料和装修装饰材料的污染物检测报告、材料进场检验记录、复验报告。

（5）与室内环境污染控制有关的隐蔽工程验收记录、施工记录。

（6）样板间的室内环境污染物浓度检测报告（不做样板间的除外）。

（7）室内空气中污染物浓度检测报告。

3）民用建筑工程所用建筑主体材料和装修装饰材料的类别、数量和施工工艺等，应满足设计要求并符合本标准有关规定。

4）民用建筑工程竣工验收时，必须进行室内环境污染物浓度检测，其限量应符合表4－11的规定。

表4－11　民用建筑室内环境污染物浓度限量

污染物	Ⅰ类民用建筑工程	Ⅱ类民用建筑工程
氡/（Bq·m^{-3}）	≤150	≤150
甲醛/（mg·m^{-3}）	≤0.07	≤0.08
氨/（mg·m^{-3}）	≤0.15	≤0.20
苯/（mg·m^{-3}）	≤0.06	≤0.09
甲苯/（mg·m^{-3}）	≤0.15	≤0.20
二甲苯/（mg·m^{-3}）	≤0.20	≤0.20
TVOC/（mg·m^{-3}）	≤0.45	≤0.50

注：①污染物浓度测量值，除氡外均指室内污染物浓度测量值扣除室外上风向空气中污染物浓度测量值（本底值）后的测量值。

②污染物浓度测量值的极限值判定，采用全数值比较法。

5）民用建筑工程验收时，对采用集中通风的公共建筑工程，应进行室内新风量的检测，检测结果应符合设计和现行国家标准《民用建筑供暖通风与空气调节设计规范》（GB 50736—2012）的有关规定。

6）民用建筑中浓度检测宜采用泵吸静电收集能谱分析法、泵吸闪烁室法、泵吸脉冲电离室法、活性炭盒－低本底多道γ谱仪法，测量结果不确定度不应大于25%（$k=2$），方法的探测下限不应大于10 Bq/m³。

7）民用建筑室内空气中甲醛检测方法，应符合现行国家标准《公共场所卫生检验方法第2部分：化学污染物》（GB/T 18204.2—

2013）中 AHMT 分光光度法的规定。

8）民用建筑室内空气中甲醛检测可采用简便取样仪器检测方法，甲醛简便取样仪器检测方法应定期进行校准，测量范围不大于0.50 μmol/mol 时，最大允许示值误差应为 ±0.05 μmol/mol。当发生争议时，应以现行国家标准《公共场所卫生检验方法　第 2 部分：化学污染物》（GB/T 18204.2—2013）中 AHMT 分光光度法的测定结果为准。

9）民用建筑室内空气中氨检测方法应符合现行国家标准《公共场所卫生检验方法　第 2 部分：化学污染物》（GB/T18204.2—2013）中靛酚蓝分光光度法的规定。

10）民用建筑室内空气中苯、甲苯、二甲苯的检测方法，应符合本标准附录 D 的规定。

11）民用建筑内空气中 TVOC 的检测方法，应符合本标准附录 E 的规定。

12）民用建筑工程验收时，应抽检每个建筑单体有代表性的房间室内环境污染物浓度，氡、甲醛、氨、苯、甲苯、二甲苯、TVOC 的抽检量不得少于房间总数的 5%，每个建筑单体不得少于 3 间，当房间总数少于 3 间时，应全数检测。

13）民用建筑工程验收时，凡进行了样板间室内环境污染物浓度检测且检测结果合格的，其同一装修装饰设计样板间类型的房间抽检量可减半，并不得少于 3 间。

14）幼儿园、学校教室、学生宿舍、老年人照料房屋设施室内装修装饰验收时，室内空气中氡、甲醛、氨、苯、甲苯、二甲苯、TVOC 的抽检量不得少于房间总数的 50%，且不得少于 20 间。当房间总数少于 20 间时，应全数检测。

15）民用建筑工程验收时，室内环境污染物浓度检测点数应符合表 4 - 12 的规定。

表4-12　室内环境污染物浓度检测点数设置

房间使用面积/m²	检测点数/个
<50	1
≥50，<100	2
≥100，<500	不少于3
≥500，<1000	不少于5
≥1000	≥1000 m²的部分，每增加1000 m²增设1，增加面积不足1000 m²时，按增加1000 m²计算

16）当房间内有2个及以上检测点时，应采用对角线、斜线、梅花状均衡布点，并应取各点检测结果的平均值作为该房间的检测值。

17）民用建筑工程验收时，室内环境污染物浓度现场检测点应距房间地面高度0.8～1.5 m，距房间内墙面不应小于0.5 m。检测点应均匀分布，且应避开通风道和通风口。

18）当对民用建筑室内环境中的甲醛、氨、苯、甲苯、二甲苯、TVOC浓度进行检测时，装修装饰工程中完成的固定式家具应保持正常使用状态；采用集中通风的民用建筑工程，应在通风系统正常运行的条件下进行；采用自然通风的民用建筑工程，检测应在对外门窗关闭1 h后进行。

19）进行民用建筑室内环境中氡浓度检测时，对采用集中通风的民用建筑工程，应在通风系统正常运行的条件下进行；采用自然通风的民用建筑工程，应在房间的对外门窗关闭24 h以后进行。Ⅰ类建筑无架空层或地下车库结构时，一、二层房间抽检比例不宜低于总抽检房间数的40%。

20）当位于土壤氡浓度大于30000 Bq/m³的高氡地区及高钍地区的Ⅰ类民用建筑室内氡浓度超标时，应对建筑一层房间开展氡-220污染调查评估，并根据情况采取措施。

21）当抽检的所有房间室内环境污染物浓度的检测结果符合表4-12的规定时，应判定该工程室内环境质量合格。

22）当室内环境污染物浓度检测结果不符合表4-12规定时，应对不符合的项目再次加倍抽样检测，并应包括原不合格的同类型房间及原不合格房间；当再次检测的结果符合表4-12的规定时，应判定该工程室内环境质量合格。再次加倍抽样检测的结果不符合本标准规定时，应查找原因并采取措施进行处理直至检测合格。

23）室内环境污染物浓度检测结果不符合表4-12规定的民用建筑工程，严禁交付投入使用。

第四节　室内空气污染物的检测方法

随着建筑业和材料工业的迅速发展，建筑物结构发生较大变化，用于室内装饰的新型建材、保温材料及各种用途的化学合成剂也开始大量用于家庭。这些物质中有的可直接挥发出有机化合物，有的在长期降解过程中可释放出低分子化合物，造成室内空气污染。这些有机化合物浓度虽低，但大多数有毒性和致癌作用，它们通过呼吸进入人体，对人体造成潜在威胁。因此，对室内空气污染物进行检测是十分重要的。

室内空气污染物的检测，一般由采样、分析测试、数据处理和结果报出等几个步骤组成。由于室内空气污染物的种类很多，沸点范围非常宽，因此在空气中可能以气体、蒸气或气溶胶的形式存在。根据污染物在空气中的浓度和存在状态的不同，可以采用不同的采样方法；根据污染物的物理化学性质不同，可以采用不同的测定方法。

人体对室内空气污染物接触量的评价，可以采用个体采样器进行采样测定，从而掌握人的环境接触量；也可以进行人体的生物材料检测，即选择性地测定呼出气、血、尿或毛中的污染物含量，从而了解人体内的实际吸收量。

一、室内空气中有机污染物的检测方法

（一）甲醛的检测方法

甲醛是一种有特殊刺激性气味的无色气体，其沸点非常低，在空气中主要以气态形式存在，可采用气泡吸收管或多孔玻璃板吸收管采样。甲醛的化学性质活泼，可以发生加成反应、缩合反应、氧化反应和还原反应。利用以上这些反应，测定甲醛的常用方法有 AHMT 分光光度法、酚试剂分光光度法、乙酰丙酮分光光度法、变色酸分光光度法、盐副玫瑰苯胺分光光度法等。在实际室内空气甲醛检测中，经常采用的是 AHMT 分光光度法、酚试剂分光光度法。

国内外居室、纺织品、食品中甲醛检测方法主要有分光光度法、电化学检测法、色谱法（气相色谱法、液相色谱法）、传感器法等。

1. 分光光度法

分光光度法是基于不同分子结构的物质对电磁辐射的选择性吸收而建立的一种定性、定量分析方法，是居室、纺织品、食品中甲醛检测的一种常规方法，包括乙酰丙酮法、酚试剂法、AHMT 法、品红–亚硫酸法、变色酸法、间苯三酚法、催化光度法等，每种检测方法所偏重的应用领域不同，且各有其优点和一定的局限性。

2. 电化学检测法

电化学检测法是基于化学反应中产生的电流（伏安法）、电量（库仑法）、电位（电位法）的变化，判断反应体系中分析物的浓度而进行定量分析的方法，用于甲醛检测的有极谱法和电位法两种。

3. 色谱法

色谱具有强大的分离效能，不易受样品基质和试剂颜色的干扰，对复杂样品的检测灵敏、准确。居室、纺织品、食品中样品组分一般较复杂，干扰组分多，甲醛含量又低，使用常规检测方法需耗费大量的时间精力进行分离、浓缩等预处理后才能再进行检测。色谱法灵敏度高、定量准确、抗干扰性强，可直接用于居室、纺织品、食品中甲醛的检测。也可将样品中的甲醛进行衍生化处理后再进行测定。但是色谱法对设备要求较高，衍生化时间长，萃取等操作过程烦琐，不适合一般实验室和家庭的现场快速检测，难以满足市场需求。

4. 传感器法

用于检测甲醛的传感器有电化学传感器、光学传感器和光生化传感器等。电化学传感器结构比较简单，成本比较低，其中高质量的产品性能稳定，测量范围和分辨率基本能达到室内环境检测的要求。缺点是所受干扰物质多，且由于电解质与被测甲醛气体发生不可逆化学反应而被消耗，故其工作寿命一般比较短。光学传感器价格比较贵且体积较大，不适用于在线实时分析，使其使用的广泛性受到限制。虽然光生化传感器提高了选择性，但是由于酶的活性以及其他因素导致传感器不稳定，缺乏实用性，而且一般甲醛气体传感器的价格过高，因而难以普及。

（二）苯系物的检测方法

苯系物是主要的室内污染物，来源于油漆和涂料的添加剂、各种胶粘剂。苯是已确定的人类致癌物，和白血病的发病有确切的因果关系，因此，苯系物污染问题越来越受到人们的关注。目前，室内环境空气中苯系物的测定都采用气相色谱法。由于空气中的苯、甲苯和二甲苯可被活性炭吸附，因此可使用活性炭管采集这些污染物，然后经热解吸附（脱附）或用二硫化磷将它们提取出来，再经聚乙二醇 6000 色谱柱分离，用氢火焰离子化检测器检测。保留时间定性，峰高或峰面积定量。该方法检测灵敏度高、定量准确。

（三）TVOC 的检测方法

由于许多挥发性有机化合物（TVOC）对环境造成污染，为了保护环境，各国都对涂料、清漆及其原材料等中的 TVOC 量进行限定，并发布了 TVOC 的检测标准。但是，由于对 TVOC 的定义不同，以及样品中 TVOC 含量的不同，因此检测方法也不同。

我国现行标准《室内空气质量标准》（GB/T 18883—2002）和《民用建筑工程室内环境污染控制标准》（GB 50325—2020）中列出了 TVOC 检测的方法，在检测中可根据具体情况采用。目前，国内应用较多的除了上述两个标准中所列的分析方法外，还有光离子化总量测定法。光离子化法的检测结果虽然与标准分析方法没有可比性，但也可以反映室内 TVOC 的污染程度，因而以其较低的市场价格、简单的操作而得到广泛应用。另外，也可采用美国环保局的 METHOD TO-14A、METHOD TO-5、METHOD TO-16、METHOD TO-47 等分析方法测定室内环境空气中的 TVOC。

（四）苯并［a］芘的检测方法

依据我国现行标准《环境空气苯并［a］芘测定高效液相色谱法》（GB/T 15439—1995）的规定，室内空气中苯并［a］芘的测定方法主要是高效液相色谱法，其测定原理是：室内空气中颗粒的多环芳烃被采集在玻璃纤维滤纸上，经过超声波提取后，用高压液相色谱分离测定，以保留时间定性、峰高或峰面积定量。

二、室内空气中无机污染物的检测方法

（一）氨的检测方法

氨是一种具有强烈刺激性气味的无色气体，极易溶于水，是一种碱性化合物。实验结果表明，用 0.005 mol/L 的硫酸（H_2SO_4）溶液吸收氨，吸收效率可达 100%，所以可选用 0.005 mo/L 的硫酸溶液作为吸收液，用气泡吸收管采样。测定氨的方法有靛酚蓝试剂分光光度法、纳氏试剂分光光度法、亚硝酸盐分光光度法和离子选择电极法等。

（二）二氧化硫的检测方法

室内空气中二氧化硫的测定方法有很多，如荧光法、恒电流库仑法、浸渍滤纸采样－盐酸副玫瑰苯胺分光光度法、四氯化汞溶液吸收－盐酸副玫瑰苯胺分光光度法、甲醛吸收－副玫瑰苯胺分光光度法等。其中四氯化汞溶液吸收－盐酸副玫瑰苯胺分光光度法是世界卫生组织指定的标准方法，但由于吸收液用汞量大，不仅对操作人员的健康产生影响，而且分析后的含汞废液还会造成环境污染，所以另外一种较为实用的、用以取代汞盐的方法——甲醛吸收－副玫瑰苯胺分光光度法发展很快，目前已成为国家的标准方法。

（三）二氧化氮的检测方法

室内空气中二氧化氮的测定方法也有很多，如盐酸萘乙二胺比色法（改进的 Saltzman 法）、浸渍滤纸采样－盐酸萘乙二胺比色法、分子扩散采样－盐酸萘乙二胺比色法、化学发光法、恒电流库仑法等。其中盐酸萘乙二胺比色法为标准方法，该方法操作简便、显色稳定、选择性好、灵敏度高。

目前，我国已研制出一种简便、快速检测二氧化氮气体的方法，即二氧化氮被动式检气管法。该方法主要结合气体分子扩散原理和化学吸收原理，在检气管内装有浸渍过显色剂的载体，检气管处于有二氧化氮气体的环境中，在一定时间内两端载体发生一定长度的显色反应。根据时间和显色长度，可求出环境中二氧化氮的浓度。

（四）臭氧的检测方法

室内空气中臭氧的测定方法有很多，目前常用的方法主要有靛蓝二磺酸钠法（IDS）、紫外光度法和化学发光法。化学发光法具有灵敏度高、反应速度快、特异性好等特点，很多国家和世界卫生组织的全球监测系统都把化学发光法作为测定大气中臭氧的标准方法。紫外光度法是测定臭氧浓度的标准方法，并为国际标准化组织所推荐。美国环境保护局规定用紫外光度法标定的臭氧浓度为臭氧标准气体的一级标准。

我国现行标准《室内空气质量标准》（GB/T 18883—2002）中，选择靛蓝二磺酸钠分光光度法（IDS）测定臭氧，紫外光度法作为配套的测定方法。

目前，用靛蓝二磺酸钠分光光度法测定环境空气中的臭氧，是国家环境保护部和国家标准局批准在全国各环境监测部门统一采用的方法。该方法与其他方法相比，具有灵敏度高、重复性好、试剂稳定、干扰较少等优点。

（五）一氧化碳的检测方法

实验证明，一氧化碳可以对不分光红外线进行选择性吸收，并且在一定范围内，吸收值与一氧化碳浓度呈线性关系。根据不分光红外线吸收值，可确定样品中一氧化碳的浓度。我国现行标准《公共场所空气中一氧化碳测定方法》（GB/T 18204.23—2000）规定，空气中一氧化碳测定方法主要有非分散红外法（不分光红外线法）、气相色谱法、电化学法和汞置换法等。最常采用的是非分散红外法和气相色谱法。

（六）二氧化碳的检测方法

空气中二氧化碳的测定方法有很多，主要有非分散红外线气体分析法、气相色谱法、容量滴定法等，也可以选用专门的分析仪器进行测定。气相色谱法可以测定低含量的二氧化碳，用奥氏气体分析仪测定非常方便，但对二氧化碳含量太高或太低的均不准确。专用的二氧化碳分析仪可用于测定高浓度二氧化碳气体。

第五节 常见检测机构介绍

一、计量认证

中国计量认证（China Inspection Body and Laboratory Mandatory Approval，CMA）是根据《中华人民共和国计量法》的规定，由省级以上人民政府计量行政部门对检测机构的检测能力及可靠性进行的一种全面的认证及评价。这种认证对象是所有对社会出具公正数据的产品质量监督检验机构及其他各类实验室，如各种产品质量监督检验站、环境检测站、疾病预防控制中心等。

取得计量认证合格证书的检测机构，允许其在检验报告上使用CMA标记；有CMA标记的检验报告可用于产品质量评价、成果及司法鉴定，具有法律效力。

国家目前正在推行强制性的计量认证、审查认可和实验室自愿参加的"实验室认可"等制度，以保证检测机构为社会提供服务的公正性、科学性和权威性，这些认证均以《中华人民共和国计量法》《中华人民共和国标准化法》及《中华人民共和国产品质量法》等法律为依据。

这是一项技术性很强的执法监督工作。凡是经过国家计量行政部门计量认证的检测机构，国家将授予其 CMA 计量认证标志，此标志可加盖在该机构出具的检测报告的左上角。

二、实验室认可

CNAS（China national accreditation service for conformity assessment）即 "中国实验室认可"。认可（accreditation）是由权威机构（中国合格评定国家认可委员会，CNAS）对有能力执行特定任务的机构或个人给予正式承认的程序。实验室认可意味着认可指定机构批准实验室从事特定的校准或检验活动，经认可的实验室或认证、审核机构表明其具有从事特定任务的能力。通过国家实验室认可的检测技术机构，证明其符合国际上通行的校准与检测实验室能力的通用要求。

三、计量认证与实验室认可的区别

（一）起源不同

（1）计量认证。1955 年，周恩来总理提出建立计量局。1957年，国务院决定，政府部门要建立实验室。集科研、生产、教学检验于一体的实验室，对推进实验室建设产生了重大影响。1982 年，国家耗资 10 亿元建立了国家质检中心，承担政府对产（商）品的质量监督管理职能；1985 年，为规范这批质检机构和依据其他法律设立的专业检验机构的行为，提高检验工作质量，在颁布《中华人民共和国计量法》的同时，规定了对检验机构的考核要求，1987年颁布的《计量法实施细则》中将对检验机构的考核称为计量认证。

（2）实验室认可。20 世纪 40 年代，澳大利亚由于缺乏一致的检测标准和手段，无法为第二次世界大战中的英军提供军火，为此着手组建全国统一的检测体系。1947年，澳大利亚建立了世界上第一个检测实验室认可体系——国家检测权威机构协会（NATA）。1966年，英国建立了校准实验室认可体系——大不列颠校准服务局（BCS）。此后，世界上一些发达国家纷纷建立了自己的实验室认可机构。1973年，在当时的关贸总协定《贸易技术壁垒协定》（TBT协定）中采用了实验室认可制度。1977年，在美国倡议下成立了论坛性质的国际实验室认可会议（ILAC），并于1996年转变为实体，即国际实验室认可合作组织（ILAC）。

（二）评审依据不同

（1）计量认证是依据《中华人民共和国计量法》第二十二条，计量认证/审查认可（验收）评审准则，等同于采用ISO/IEC导则25：1990作为评审依据。

（2）实验室认可是以CNAS/AC01：2003《检测和校准实验室认可准则》，等同于采用ISO/IEC17025：2000作为评审依据。

（三）对象不同

（1）计量认证的对象包括：各级质量技术监督行政部门依法设置或授权的产品质量检验机构；经各级人民政府有关行业主管部门批准，为社会提供公正数据的产品质量检验机构；已取得计量认证合格证书的产品质量检验机构，需新增检验项目时，应申请扩项计量认证；自愿申请为社会出具公正数据的各类科研、检测实验室。

（2）实验室认可的对象包含了生产企业实验室在内的供方第一方实验室、需方第二方实验室、社会公共方第三方实验室。

（四）实施考核部门不同

（1）计量认证：由省级以上质量技术监督部门对检测机构进行考核。

（2）实验室认可：由中国合格评定国家认可委员会直接对检测机构进行考核。

（五）考核内容不同

（1）计量认证：主要以公正性和技术能力作为考核重点。

（2）实验室认可：着重于考核检测机构的管理要求和技术能力要求。

（六）法律地位及国际地位不同

（1）计量认证：经计量认证合格的产品质量检验机构所提供的数据，用于贸易出证、产品质量评价、成果鉴定，作为公证数据，具有法律效力。与此同时，计量认证的 CMA 标志已经成为国内社会公认的评价检测机构的重要标志。在产品质量检测和其他检测等领域，已将计量认证列为检验市场准入的必要条件。

（2）实验室认可是国际通行的做法。在重大法律纠纷中能够获得更好更多的信任支持。通过国家实验室认可的检测技术机构，证明其符合国际上通行的校准与检测实验室能力的通用要求。

四、通用公证行

通用公证行（Societe Generale de Surveillance，SGS）创建于 1878 年，是世界上最大、资格最老的民间第三方从事产品质量控制和技术鉴定的跨国公司。其总部设在瑞士日内瓦，在世界各地设有1800 多家分支机构和专业实验室以及 59000 多名专业技术人员，在 142 个国家开展产品质量检测、监督控制和保证活动。

通标标准技术服务有限公司（以下简称"通标公司"）是瑞士通用公证行与中国标准技术开发公司共同投资建立的公司。自 1991 年成立至今，通标公司建立了材料实验室、玩具实验室、杂货实验室、EMC 实验室、电器安全实验室、纺织品实验室、食品实验室、石油化工产品实验室、矿产品实验室、羊绒纤维实验室、农产品实验室及生命科学实验室，并设有工业部和消费品部、国际认证服务部、矿产品部、石化部、农产品部、GIS 部、汽车部、环境部和贸易保障部等业务部门，在中国拥有 13000 多名训练有素、高水平的专业人员。

主要参考文献

［1］ 国家质量监督检验检疫总局，卫生部，国家环境保护总局. 室内空气质量标准（GB/T 18883—2002）［S］. 2002.

［2］ 中华人民共和国住房和城乡建设部，国家市场监督管理总局. 民用建筑工程室内环境污染控制标准（GB 50325—2020）［S］. 2020.

［3］ 国家市场监督管理总局，中国国家标准化管理委员会. 人造板及其表面装饰术语（GB/T 18259—2018）［S］. 2018.

［4］ 国家市场监督管理总局，中国国家标准化管理委员会. 人造板及其制品甲醛释放量分级（GB/T 39600—2021）［S］. 2021.

［5］ 宋广生. 装饰装修材料污染检测与控制［M］. 北京：化学工业出版社，2006.

［6］ 李继业，张峰，张旭，等. 室内装修污染检测与控制技术手册［M］. 北京：化学工业出版社，2014.

［7］ 曲建翘，薛丰松，蒙滨. 室内空气质量检验方法指南［M］. 北京：中国标准出版社，2002.

［8］ 朱丽娜. 空气负离子的时空动态特征［D］. 杭州：浙江农林大学，2019.

［9］ 陈亢利，钱先友，许浩瀚. 物理性污染与防治［M］. 北京：化学工业出版社，2006.

［10］ 闫幼锋. 建筑与城市环境物理实验［M］. 成都：电子科技大学出版社，2016.

［11］ 中华人民共和国科学技术部. 中毒预防与应急处置［M］. 北京：中国矿业大学出版社，2010.